上海出版资金项目
Shanghai Publishing Funds

上海市新闻出版专项资金资助项目

新时代生态文明法律制度体系研究丛书

丛书总主编　陈晓景　李国敏

南水北调中线工程与河南区域联结机制研究

——以南阳地区为例

王树山　著

立信会计出版社
LIXIN ACCOUNTING PUBLISHING HOUSE

图书在版编目(CIP)数据

南水北调中线工程与河南区域联结机制研究：以南
阳地区为例 / 王树山著. —上海：立信会计出版社，
2021.11

(新时代生态文明法律制度体系研究丛书)

ISBN 978-7-5429-7052-7

Ⅰ.①南… Ⅱ.①王… Ⅲ.①南水北调-水利工程-
关系-区域经济发展-研究-南阳 Ⅳ.①TV68
②F127.613

中国版本图书馆 CIP 数据核字(2022)第 149167 号

策划编辑　　窦瀚修
责任编辑　　陈　旻

南水北调中线工程与河南区域联结机制研究——以南阳地区为例

NANSHUI BEIDIAO ZHONGXIAN GONGCHENG YU HENAN QUYU LIANJIE JIZHI YANJIU YI NANYANG DIQU WEILI

出版发行	立信会计出版社		
地　　址	上海市中山西路 2230 号	邮政编码	200235
电　　话	(021)64411389	传　　真	(021)64411325
网　　址	www.lixinaph.com	电子邮箱	lixinaph2019@126.com
网上书店	http://lixin.jd.com		http://lxkjcbs.tmall.com
经　　销	各地新华书店		

印　　刷	江苏凤凰数码印务有限公司
开　　本	710 毫米×1000 毫米　　1/16
印　　张	8.75
字　　数	122 千字
版　　次	2021 年 11 月第 1 版
印　　次	2021 年 11 月第 1 次
书　　号	ISBN 978-7-5429-7052-7/T
定　　价	65.00 元

如有印订差错，请与本社联系调换

前　言

　　城市与人口大多沿大江大河聚集演化,河流是文明的摇篮,文明孕育于江河之畔。黄河流域文明是世界文明之一 ——华夏文明的摇篮。在近现代,黄河流域的区位地位逐渐下降,但随着南水北调中线工程(以下简称"工程")的开通,位于黄河流域文明中心地带的河南将重新焕发青春。

　　工程从丹江口水库引水北送,最终形成长江、淮河、黄河和海河统一水网系统。其中,河南省既是工程承载的主体,也是工程的最大受益主体。中线干线工程全长 1 277 千米,起始于河南省南阳市,沿平顶山、许昌、郑州、新乡、安阳等市向北延伸至北京和天津,境内全长 731 千米,占总长度的 57%。

　　工程河南段区域有四个特点:第一,它是中国人文资源、自然资源最为密集的地区。它既是南水北调工程始发地,也是人文始祖、血缘始祖(姓氏)和中华文明起源地。第二,它跨越三个典型区域类型,即现代化城市群(郑州、平顶山、安阳、许昌等)、现代农业基地(已获国家发改委批准)和传统人文遗产区域(整个工程段)。第三,它造就了河南沿线区域的跨时空联结,既为河南省带来了潜在的发展机会,也带来了挑战。第四,它穿越的黄淮平原,是中国粮食安全的重要保障区域。综合以上特征,文化遗产保护、资源—人口—环境压力和粮食安全等多重因素集中重叠,使河南工程区域(以下简称"区域")成为空间交织最为繁杂地区。

　　河南工程区域的南阳地区在工程中具有举足轻重的地位。南阳地区是工程的水源区,是工程的受益者,获中央对口支援资金最多,社会效益和经济效益因此提升比较明显。但是,从某种角度上讲,它也是工程的受损者,相对于其他地区而言,受工程影响的范围最广,为工程建设搬迁的人数最多。南阳地区因工程而致相关局部区域、相关产业都发生了变化。工程虽然仅仅作为输水工程建设,但工程的运营与河南尤其南阳地区在经济、文化、资源等方面都紧密联结。以南阳地区为例进行分析,能充分彰显工程与区域联结的深度和广度,具有一定的典型性和代表意义。

工程作为我国"四横三纵、南北调配、东西互济"供水新格局的骨干工程之一,截至 2022 年 3 月 1 日 8 时,已累计向北方调水 451.18 亿立方米,直接受益人口 7 900 万人,成为重塑我国水资源空间布局的生命线、畅通南北经济循环的生命线、保障受水区群众饮水安全的生命线、复苏沿线受水区河湖生态环境的生命线,产生了巨大的经济效益、生态效益、社会效益和文化效益。因水质保护和工程运营安全的需要,目前工程干渠基本上采用隔离模式运营。工程除发挥水资源空间重配功能外,周边的景观资源、品牌资源和配套设施资源等的价值潜力并没有得到充分挖掘。因此,工程沿线没有得到直接收益的区域很容易将其视为"负担",不利于保护沿线区域工程的安全。探讨工程与沿线区域的联结机制,充分挖掘工程的价值潜力,推动工程与沿线区域的协调发展,就成为一个值得研究的课题。

本书尝试在工程与区域之间建立积极有效的联结模式,将南水北调工程与区域纳入统一规划体系,重新对河南尤其南阳地区分工体系进行引导性规划和区域空间、产业、资源联结整理,协同表达联合绩效,使南阳地区体现现代农业、现代产业、传统人文产业与城市群共赢的模式。

全书共七章,第一章从河南省整体视角概述工程与区域联结关系,分析工程与区域间联结的表达模式。第二章以水源地南阳为重点,对南阳的地理特征、区位优势、区域间关联进行分析,进一步明确工程与南阳成功合作后将会产生的空间关联效应。第三章进一步从理论上探析工程系统及主体定义、节点间关系、联结关键点以及工程与南阳联结模式,提出资源价值评估方案,并探索潜在的联结模式。第四章以南阳方城为例,从空间角度探索工程与区域主题联结模式。第五章以生物资源为例,探索工程与优势资源的联结模式。第六章以畜牧业为例,探索工程与产业的联结模式。第七章探索工程与区域联结背景下的工程水资源管理机制。

　　工程与沿线区域合作机制研究是一个新的研究领域。本书采用现代科学管理与传统人文相结合的理念,尝试探索工程与区域协调发展新模式,并对工程与南阳的联结进行了重点分析。我曾是工程河南段的主要负责人,亲历了工程的规划、建设和运营管理工作,对工程空间布局、政策等深有体会。本书的主要观点是本人对工程运营思考的结果,由于时间仓促,有些方面还需进一步深化,不当之处肯请读者批评指正。

　　　　　　　　　　　　　　　　　　王树山

目　录

第一章 工程与河南区域联结分析

2014 年,举世瞩目的工程顺利实现通水,这意味着工程由建设期顺利转入运营管理期。工程初期规划和可行性论证,重点关注的是工程的调水功能和工程建设管理,对工程与区域间的潜在影响关系并没有展开深入的研究。

工程无论在建设期还是以后的运营管理中,必然产生对沿途地理和经济空间的多维度开放和外溢,因而形成了大量的交集并在交集区域产生不确定影响。这种影响是相互的,既包括工程对区域的影响,也包括区域对工程的影响,并通过收益成本、风险等多种路径,从横向、纵向和跨期等多维度表现出来。

河南省是工程的承载主体,工程穿越全省境内的长度占总长度的57%。河南省工程有关人员在工程建设管理初期发现,早期规划时由于缺乏对区域与工程间相互行为机制的充分研究,许多潜在机会收益和风险因素没有得到有效识别。随着工程建设的进行,早期的问题逐渐暴露出来。如果不对工程与区域关系进行修补,随着时间和利益冲突的不断积累,将会对未来工程效益的充分发挥产生不利影响。

为了保障工程顺利实施,河南省一直在尝试对工程的边界进行物理界定。比较简单的方法就是对工程实施空间隔离方案,即在工程沿线边界设立禁止进入区和限制进入区,并用绿化带作为工程与区域分离的标识。同时,在边界处附加工程建筑和构筑物等物理壁垒,使工程与近邻区域适当分离开来,斩断工程与区域间各种可能的负外部性外溢途径,从而使工程和区域之间成为相对独立互不相关的两个主体。

在工程干渠不能完全从区域中独立出来的情况下,开始探索放宽假设条件并放弃传统的物理隔离方案,在承认双方相互作用的基础上,尝试在区域和工程之间建立积极有效的联结。从理论和实践上看,这种积极联结的方式不仅是可行的,而且是必须的。这是因为:①从效率和行为学角度来看,工程和沿途区域之间存在许多潜在联结机会,其中许多联合配置方案不仅会带来联合机会,而且会产生成本绩效。②独立方案不仅是不必要的,而且空间分离或隔离方法会涉及巨大的管理成本支出。尤其是对于多元、多维、多主体互动结构来说,任何尝试完全分离边界的方案都会面临巨大的交易成本和监管成本,因此它在管理上不可行。③从双方合作潜力来看,如果允许工程与区域之间适当、有序和有管制地开放,双方建立积极的联结关系,各方在激励相容的目标下产生联合增益,从而维持工程和谐、稳定和可持续性目标。因此,我们应该鼓励对工程与区域间有益的合作和联结探索。

工程穿越河南省南北全境,起于河南省南阳市的淅川县,依次穿越平顶山市、许昌市、郑州市、焦作市和新乡市,从安阳市进入河北省。

工程所经过的河南省区域是中国土地利用空间冲突最剧烈的区域之一。这里的空间使用冲突是多方面的,它既包括土地经济利用竞争冲突,也包括城市、社会和人居空间使用冲突。工程所经过的地区是历史上华夏文明活动最频繁的地区,因此,它也面临着历史人文遗产和现代化之间的资源使用冲突,我们称这种冲突为文化或文明冲突。尽管国家针对河南省的现实和预期损失给予了一定补偿,但由于工程规划早期未能将冲突主体、潜在因素和动力结构进行充分揭示,因此,工程沿线区域内的许多潜在风险源和冲突没有受到应有关注。随着工程建设的进行和运营,部分潜在风险逐渐显露。

对于大型跨区域、跨流域的公共工程,讨价还价和冲突是不可避免的,但冲突强度取决于不同的机制设计和治理模式,一些具有激励相容的政策创新往往会显示良好的绩效。工程本身启用了诸多传统模式和手段,但从工程的长期可持续发展角度来看,还需要寻找到一种激励相容的路径,使工程资源化并与区域发展进行积极的联结。为此,本书尝试探索一种新型的冲突处理模式。

一、工程与区域联结概况

（一）实地研究

工程与区域关系现状:一是静态关系,工程被看作是一个静态水资源配置工程,其动态效应、长期响应及潜在外部收益没有得到充分挖掘。二是独立关系,工程没有将工程与近邻区域纳入一体化规划过程。三是冲突关系,工程与区域之间存在大量的潜在冲突路径和冲突点,如果缺乏激励相容机制进行引导,工程将面临不和谐问题。

出于以上考虑,我们决定从工程的动态衍生、外部收益和关联化角度入手,将工程沿线区域经济纳入工程的研究范围来进行整体研究。我们考察了铁路、高速公路、长城等封闭线状工程的管理样本,考察了深圳民俗文化村、东部华侨城的文化经营模式,尝试寻找工程与以上经营模式的相同点、相异点,并尽量从以上模式中吸收管理经验,扩展工程管理工具和策略集合。个案样本比较,如表1-1所示。

表1-1　个案样本比较

样本指标	封闭线状工程	民俗村	工程
代表样本	铁路、高速公路、长城	东部华侨城、深圳民俗文化村	南水北调南阳、平顶山、安阳等
目标意义	研究不同开放程度的交通流与周围区域之间的冲突、关联、外溢特征及管理模式	研究文化(物质和非物质文化)、自然资源等通过服务贸易、产品化、商业化的途径达到的产业化经营模式	(1) 寻找工程空间管理模式。 (2) 工程与周围区域间的关联关系。 (3) 文化及自然资源产业化经营模式

（续表）

样本 指标	封闭线状工程	民俗村	工程
特征 描述	（1）线状空间。 （2）不完全开放。 （3）与周围存在相互 　冲突。 （4）存在大量正外溢。 （5）有管制的联结 　关系	（1）面状或立体空间 　存在完全空间 　封闭。 （2）资源拓扑联结模式 （3）厂商经营	（1）线状空间。 （2）核心区域完全封闭。 （3）流量与周围独立不 　相关。 （4）与周围独立联结关系。 （5）存在景观或资源外溢 　情况
相似性	50%相似性，主要表 现在都是线状流动 空间	50%相似性，主要体 现在区域经营模式上	与两者50%相似，兼有两 者特征
相异性	客流、物流与水流的 性质区别，客流安全 与水质安全性区别	（1）无实质文化遗产 　支撑，可以自由 　创造。 （2）任意拓扑联结	（1）与民俗村相比，它有 　事实上的物质文化 　遗产支撑。 （2）与线状交通相比，它有 　更大的空间支撑

工程与铁路、河流、高速公路和等级公路等具有相似的性质，都有相对封闭的边界且存在不同程度的外部性，不同的是它们之间因流动的物质不同而产生性质差异。在经营模式上，它与民俗村有某些相似性。我们通过研究以上样本，从众多类似样本中寻找到可能的潜在机会和风险识别。

（二）文献研究

我们查阅了大量历史人文文献，发现工程干线周边150千米范围内，是华夏文明的集中衍生地，因而使河南成为文明遗产的重要承载地和维护者。由于文化现象的不可逆性、原真性和不可复制性，河南历史人文遗产是河南省可持续发展的优势资源之一。

河南省的人文是跨时期、跨区域、综合的，在历史演化长河中，形成了大量的文化遗产，这些遗产包括历史名人、遗址遗迹、农耕社会、百家姓氏、血缘宗本和宫廷园林等。但是，河南的文化资源却一直处于碎片化、符号化状态。

工程经过河南省的文化遗产区,其文物发掘不断翻开河南省历史人文的神秘面纱,而工程本身则可能作为一个统一承载平台,演绎和集成碎片化的人文信息符号系统。这些资源与工程资源两相联结,将成为河南省新型的经济增长点,成为经济模式转型和再现中原辉煌的新引擎。

（三）现有工程规划的特征

作为国家的一项调水工程,它本身的目标性决定了它的规划更多的是关注工程本身而不是关联的区域经济,而对工程的行为也更多的是关注其静态效益。从规划报告中可以看出:

（1）工程仅被视作水资源配置工程,关注的重点主要放在水资源输送配置上,对工程与区域之间的关系,以及工程干渠沿线的近邻区域行为缺乏足够的重视。

（2）为了防止周围的自然、社会和经济活动对工程本身可能产生的负外部性影响,工程实施时对渠道和水源区周围区域的行为,设置了严格的排他性条件,包括物理的、工程的和制度的。

（3）封闭边界和排他性虽然阻止了工程建管风险,但也阻断了近邻区域的传统社会和产业网络之间的联系,使区域经济的社会成本相应增加。排他性阻碍了工程沿线区域参与分享工程外溢收益的机会,影响工程与周围区域间互动,双方的联合绩效得不到充分挖掘。

（四）工程与区域间的联结关系

河南省关联区域与工程之间本身不可能被完全隔离,它必然会产生多维联结关系,这种关系将随着工程效益的逐渐发挥而变得越来越紧密。目前,工程规划部门和河南省区域决策者双方之间联结前景并不明朗。

为了描述工程和区域之间的关系,可将该工程看作是一种过境输水工程,并定义为符号 A。工程可以通过封闭的物理边界、制度边界措施,与工程沿线的区域 B 之间产生不相关关系。事实上,工程与区

域之间存在联结后,其联合绩效表达式为:

$$V(A+B)=V(A)+V(B)+V(AB)$$

式中,A 为工程,B 为工程途经的河南省沿线的某区域,V 为绩效。

显然,我们希望联合绩效 $V(A+B)$ 大于各自独立运行绩效之和 $[V(A)+V(B)]$。这意味着工程与沿线区域之间存在正的联合绩效 $[V(AB)>0]$。但是,将工程与区域视作独立不相关运行模式时,它不仅会带来无效率结果 $[V(AB)=0]$,而且会因地方行为得不到正确的激励而增加冲突成本。这种额外的工程成本效应 $[V(B)<0]$ 所带来的风险将主要表现在未来严重的"逆向选择"与"道德风险"方面。

(五) 空间互动特征

从工程与区域空间互动特征来看,双方处于相互隔离封闭而不是相互开放的状态,即联合收益 $[V(AB)=0]$。如果从合作互补角度看,双方都需要向对方系统适当开放,从而产生正的互补效果。这是因为,从长期来看,工程不仅无法回避与周围区域经济主体之间的多维互动,更重要的是工程本身的平稳运行需要和谐、可持续的环境条件和持续的后续投入。特别是工程未来需要持续的运营投入,这种投入需要工程本身具有自我可持续的融资能力,这种融资需求决定了南水北调是一个理性主体,它需要对自身资源实行再配置活动。

另外,工程完工后,它本身将成为特殊资源,其景观资源、顾客资本和品牌效应等可能会外溢到周围地区,从而使区域经济受益,但是当空间完全被封闭后,将会限制工程周围地区利用这一潜在机会。

(六) 分配特征

河南省在工程中的成本损失是多方面的:①空间损失。这主要表现在对土地空间的永久性或临时性占用,以及对土地使用行为的诸多限制等,它使本来就土地稀缺的河南省相关地区的生存空间被大大压缩。②社会资本损失。历史经验证明,工程移民涉及的不仅仅是空间位移和经济补偿问题,而是大多数移民与长期生存的背景环境深度互动而建立的天然联系。这将伴随着巨大的心理成本和情感价值损失。移民安置区也脱离了原有乡土社会网络,而这种储存在社会网络中的资本也将随之沉淀。③灵活性或选择权损失。工程对区域的潜在代价还包括产业方向调整、经营方式强制变化和发展机会的限制或禁止等。以上所有成本并没有在移民迁安过程中得到充分反映,它使河南省成为分配工程中成本分配的受害者。

二、未来工程与区域关系定位

在工程与区域激励相容的基础上,以工程为平台进行衍生开发规划,为保证工程的联合绩效,我们作出如下设想。

(一) 工程与区域之间的相互开放系统

开放是指工程与关联区域之间有序、有管制的相互开放系统。即工程和关联区域相互开放、优势互补、资源共享、联合共赢和可持续和谐发展。

开放分总体、联盟和分散联结三个维度。总体维度是指将工程与区域一体化优化。联盟维度是部分开放体系,分部(块)联结。分散联结是独立随机联结。我们的初步设计是联盟联结,以独立行政单元(如南阳、安阳)、企业集团等为参与主体,与工程主体进行技术、经济方面的合同化联结。开放的三种模式包括完全开放多主体联结模式、半开放多主体互动模式和一体化联结模式。

(1) 完全开放多主体联结模式,即工程与区域作为一个无边界的整体,双方自由互动。这种模式缺乏中心协调和总体理性配置,因而它可能出现多种均衡状态,我们不能排除最坏的结果,即非合作博弈下的"囚徒困境"。

(2) 半开放多主体互动模式,即双方有选择性地向对方开放的条件开放系统。在这种系统中,双方既开辟了相互合作的通道,又关闭了某些有合作潜力的大门。

（3）一体化联结模式，即双方同时向互动对象完全开放，并融合为一体化的配置工程。在这个工程中，两个理性主体通过某种机制被整合为一个理性主体，从而使工程与区域之间转化为完全的决策关系而不是对策关系。由于工程与区域处于一体化状态，它必然存在一个中心协调和配置机制，通过该中心机构的联合收益最大化分配和选择策略过程，最终达到总体理性最大化。

（二）工程资源

工程本身存在非常丰富的潜在资源，它将在未来逐渐得到释放和显现。工程资源包括品牌资源、水资源、工程及景观资源和空间资源等，这些资源的潜在价值目前一直被忽视或低估。

（1）作为全球最大的调水工程，它已改变了中国自然河流的行为，并以全新的方式重塑河南区域的自然、经济和社会模式，而工程本身也因此将成为人类历史上人与自然互动最重要的标志性事件。工程建成后，它将成为未来全球历史上永久性标识符号，并作为自然和人工双重遗产被后代继承。

（2）工程对河南省来说，其地位将与历史上黄河对河南省的地位一样，具有同等重要的区域价值：水渠穿越河南省，漫流滋润整个中原大地，它将承继黄河在历史中的作用，推动新型农业、工业、生态和城市文明的兴起与进步。它会缓解河南的水资源约束条件，并在与区域联结过程中衍生出全球最具特色、最宏伟壮观的区域经济，使河南省再次恢复早期的文明活力，并将继续成为中国的未来文明发祥地之一。

（3）工程向中原大地不断补充城乡用水，从而腾出被挤占的农业用水，使中国的粮食安全得到有效保障；它向城市供应水源，将使中原城市群规划目标变为现实；它在汉江流域向沿线自然生态和地下补充水源，会再造湿地生态、森林生态和农田生态等多种生态类型。

（三）工程沿线区域资源

工程沿线存在大量的资源，这些资源从土地空间到山水湖泊，从自然景观、自然遗产到人工工程,从自然资源到历史人文资源,都显现出了河南省工程沿线区域的潜在价值。

1. 自然资源

工程沿线区域存在大量的生物多样性资源,它们集中分布在伏牛山、桐柏山和太行山,沿途河山万千灵秀,历史上频繁的人文活动早已为这些自然景观赋予了灵魂。其特殊的地理形胜、地貌特征和气象景观等,亘古未变延续至今。

2. 人文工程

工程本身是调水工程,但又是景观工程,它与沿线的城市、水库、湿地、现代建筑等人造景观相融合,必将成为一种新型的人文工程群组合出现在河南大地上。

3. 城市群

工程穿越大量人口稠密的自然村庄,穿越诸多城市群。它所经过的城市群大多是中国的历史文化名城。具有重要潜在价值的城市群遇到工程,在正确的结合联结方式下,其价值将会不断得到放大,从而显现出更加复杂的城市动力学效应。

4. 人文遗产

工程既包括物质文化系统,又包括非物质文化系统。工程沿线区域存在非常丰富的物质遗迹和非物质人文符号以及信息系统。

为了将南水北调区域的关键特征资源进行整理描述,我们建立了工程沿线区域资源清单,如表1-2所示。

表1-2　工程沿线区域资源清单

项目	自然资源(S1)	人文遗产资源(S2)	人工工程与城市(S3)
南阳市(P1)	P1S1(南阳市自然资源)	P1S2(南阳市文化遗产资源)	P1S3(南阳市人工工程与城市)
平顶山(P2)	P2S1(平顶山市自然资源)	P2S2(平顶山市文化遗产资源)	P3S3(平顶山市人工工程与城市)

(续表)

项目	自然资源(S1)	人文遗产资源(S2)	人工工程与城市(S3)
许昌市(P3)	P3S1(许昌市自然资源)	P3S2(许昌市文化遗产资源)	P3S3(许昌市人工工程与城市)
郑州市(P4)	P4S1(郑州市自然资源)	P4S2(郑州市文化遗产资源)	P4S3(郑州市人工工程与城市)
鹤壁市(P5)	P5S1(鹤壁市自然资源)	P5S2(鹤壁市文化遗产资源)	P5S3(鹤壁市人工工程与城市)
新乡市(P6)	P6S1(新乡市自然资源)	P6S2(新乡市文化遗产资源)	P6S3(新乡市人工工程与城市)
安阳市(P7)	P7S1(安阳市自然资源)	P7S2(安阳市文化遗产资源)	P7S3(安阳市人工工程与城市)

三、工程区域间交叉响应与动态行为

工程对占用的区域资源进行补偿,范围限于土地、移民、拆迁、跨渠道路建设、涵洞及相关空间整治等。这些区域资源有些是永久性占用,有些是临时性占用,补偿仅限于有形、可核算的资源,无形资产和资源的损益未被纳入补偿范围。机会收益和损失评估不足,即对未来区域和工程本身的间接影响缺乏足够的估计,缺乏对动态响应后的成本和风险评估。

(一)工程与区域之间的相互响应关系

工程与区域之间存在复杂、多元响应特征。这些响应的特征体现在以下几个方面:一是相互性,即工程(A)与近邻区域(B)之间不是单方的响应关系,而是同时存在交互影响,并最终体现为特殊的关系组合$[R(A),R(B)]$系统。二是直接响应与间接响应并存。三是静态响应与动态响应。四是非理性响应与理性和博弈响应。工程与区域之间的响应关系,如表1-3所示。

表 1-3　工程与区域之间的响应关系

项目	B（近邻区域）	R(A)（工程针对区域的响应）
A（工程）	(A,B)	[A,R(A)]
R(B)（工程针对区域的响应）	[R(B),B]	[R(A),R(B)]

其中,(A,B)是双方的静态自然关系集合,R(A)是区域针对工程的响应关系集合,R(B)是工程针对区域的响应关系集合。

下面我们用一个扩展的案例对该关系进行分析。工程(A)与区域(B)之间的多元响应路径虚拟图,如图 1-1 所示。

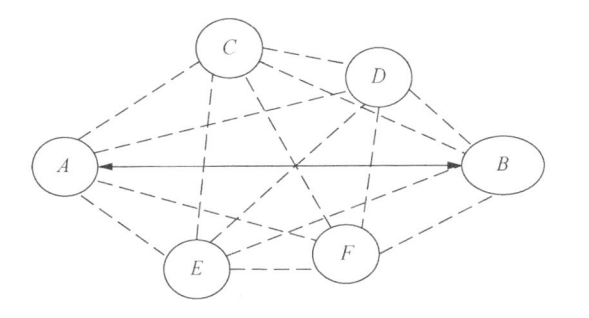

图 1-1　工程(A)与区域(B)之间的多元响应路径虚拟图

图 1-1 中存在 A、B、C、D、E、F 一共 6 个相互关联的主体,其中 A、B 代表工程和河南省近邻各区域,其他为现实的或潜在的影响主体、传递主体和博弈主体。它们之间存在 1~5 步数量关系的跨区域、跨主体影响过程和动态。例如,A-B 就是 1 步影响,而 A-C-B 为 2 步影响。工程(A)与区域(B)之间路径分析,如表 1-4 所示。

表 1-4　工程(A)与区域(B)之间路径分析

步数	路径数	形式与路径标识(例)
1 步	1 条	A-B
2 步	4 条	A-C-B,A-D-C,A-E-C,A-F-C
3 步	24 条	A-E-F-B,A-C-E-B,A-C-F-B

(续表)

步数	路径数	形式与路径标识(例)
4 步	12 条	A-E-F-C-B, A-C-D-E-B, A-F-E-C-B
5 步	5 条	A-E-C-F-D-B, A-C-F-E-D-B
总计	46 条	多步通径

(二)工程近邻区的响应行为

工程建成后,河南省相关区域经济和社会发展将被引入一个重要因素,即南水北调因素。这一因素的引入,除了引起工程与区域之间的自然和工程业务关系,还会引起行政系统、产业市场及人居空间模式的响应,从而将工程本身的影响进行扩展和动态化。我们需要预测工程建成后周围地区的响应模式,并评估这种响应反过来对工程本身的有利和不利影响。下面对工程区域外围的吸引因素、区域响应模式和正负影响分别进行介绍,其简化结构在表1-5中列出。吸引因素分别为工程景观资源、地理空间及区位价值、水资源禀赋、近邻外溢导致土地价值、地方政府公共设施配套引入、工程周围环境要素变化、南水北调品牌资源价值和工程在行政组织中的地位等。响应模式是比较存在或不存在工程时,所导致围绕行政主体、产业主体和社会主体的理性应对方式。正影响是指因工程因素导致近邻主体响应后对工程施加的良性影响。而负影响是指由此带来的不利影响。区域响应对工程的影响,如表1-5所示。

表1-5 区域响应对工程的影响

吸引因素	针对工程的可能响应模式	响应后对工程的正负影响	
		正影响	负影响
工程景观资源	(1)因工程的景观价值,导致厂商大量进入从事经营活动。 (2)大量人口向工程集中。 (3)外地及本地旅游客人进入观光	(1)使工程潜在价值得到发现。 (2)提高和开发工程潜在景观价值。 (3)可能存在景观联结	无序开发对工程环境的消极影响

（续表）

吸引因素	针对工程的可能响应模式	响应后对工程的正负影响	
		正影响	负影响
地理空间及区位价值	（1）工程附近的土地价值增值。 （2）释放或增加区位价值。 （3）区位投资进入。 （4）人居聚集。 （5）周围机会收益上升		聚集导致空间使用冲突加剧,讨价还价增加而致工程运营费用增加,污染及意外风险增加
水资源禀赋	因水资源因素导致产业调整,人居调整和聚集	使水资源价值上升,并得到合理使用	盗用水资源,监控费用上升,并引入意外风险
土地价值	房地产商进入,经营性厂商进入并向渠道接近		对工程潜在安全构成威胁,并增加道路等投入,使工程维护费用增加
公共设施配套	受工程吸引,政府基础设施投入向工程集中,从而导致厂商和社会进入压力增加	水资源配置更加合理,价值得到释放	对工程稳定性与安全性产生影响
环境要素	调整环境投资,环境标准,改变水资源利用模式	可能使工程价值增加	可能影响水质安全,更严格的管理导致成本上升
品牌资源价值	南水北调品牌资源价值上升,将导致大量的无形资产贴牌使用,使南水北调成为公共资源	增加工程无形资产价值	品牌滥用缺乏保护,将影响工程形象
行政组织资源	工程会吸引各级政府和社会的广泛关注	增加工程的话语权	分利集团的出现,加大工程治理难度

（三）工程对区域的排他性及约束条件

　　针对工程可能的响应及其不利影响,工程在未来必然会采取诸多工程、技术和制度方面的应对措施,来对工程自身利益和安全性进行保护。保护措施主要是排他性和约束性两个方面。工程对区域的排他性及约束条件,如表 1-6 所示。

表 1-6   工程对区域的排他性及约束条件

项 目	区域损失	工程损失
1. 工程隔离措施	(1) 占有周围的土地。 (2) 阻止区域利用工程资源的外溢收益。 (3) 对区域产业、人居模式和行为限制带来的机会损失	(1) 使工程投资成本上升。 (2) 使工程与区域之间的潜在联合机会收益下降。 (3) 接触点增多、风险点增加
2. 排他性制度安排	(1) 制度复杂化。 (2) 行政管理成本上升。 (3) 可能出现群体性事件。 (4) 导致信息及相关成本投入增加	(1) 管理机制将会复杂化。 (2) 多主体接触将带来更多的法律冲突。 (3) 与周围主体间的讨价还价增加
3. 产业限制	某些产业强制退出,或者限制进入,甚至强制禁止进入。不仅增加机会成本、管制成本,而且影响资源的最优配置	补偿增加,参与影响管理评价的成本增加,讨价还价增加
4. 社会限制	禁止人口进入,限制农村和城市发展	管理成本上升,讨价还价甚至冲突现象增加
5. 行为限制	对进入者日常生活行为、经济行为施加额外的限制,增加区域管理成本和机会成本,如养殖限制	对所有进入者的行为施加额外的限制条件,需要更多的监督管理和行为指导
6. 水环境管理	因水环境安全导致对水源区、沿线河流甚至生态环境施加苛刻条件,从而使区域生产力受损	更多的监测支出、环境支出、日常管理工作增加甚至生态补偿增加等
7. 安全与风险管理	因工程和水安全需要,从而产生的对近邻区域和过境行为限制,投资和管理投入增加等	更多的基础设施投入,管理成本上升,冲突水平上升及法律成本增加等
8. 道路网	因工程隔离带来的道路网成本增加,需要增加更多的桥梁、涵洞,也影响物流通畅和效率	增加监督管理的人财物投入,特别是监测设施和设备、额外的基础投入等
9. 村庄	许多村庄、乡镇因工程经过而需要进行重新整理,使传统的功能性维持成本上升	重新规划和设施的投入增加,如道路桥梁、教育设施等

（续表）

项目	区域损失	工程损失
10. 政府基础设施建设	政府基础设施重构,因工程限制对土地使用,结果使许多成本上升并使工程量增加	讨价还价,额外的补偿和基础设施投资增加,与政府之间的管理合同与合作复杂化
11. 城市重构与改造	工程经过的城镇在向外扩展中受到许多限制,或者被禁止或者因割裂而导致额外的成本上升	风险源增加,管理主体多元化带来的风险,更多的补偿性支出
12. 文化遗产保护	文化遗产大量发现和保护费增加,但并不一定给地方带来收益	文物保护、遗产遗迹的保护等,增加额外费用,但不一定有很好的产出
13. 自然资源开发	沿线大量潜在资源开发可能因工程原因受阻从而增加投资成本,或者受到限制或禁止,如矿产开采、河流开发与水电站建设等	更多的资源和环境补偿、生态修复、河流健康维护投资费用的增加等

排他性将阻止河南省区域利用南水北调的有利外溢,并对周围社会网络、经济投入产出网络、基础设施网络（如道路网络、通信网络等）附加更多成本。而限制性条件除了早期工程建设对区域施加成本,还会将影响到未来,从而对区域发展产生多重约束。

（四）区域发展与工程可持续性冲突关系

工程与河南省之间既存在相容的关系,又存在潜在冲突。一是土地利用冲突。工程将带来大量的土地空间占用,因此它与河南省之间存在大地空间竞争利用关系。二是人居冲突。从水源区到渠道沿线,工程已造成了大量移民,许多生活在原来地区的居民背井离乡。三是城市重构。工程经过河南省部分区域后,对区域现有决策产生了一定的预期影响和扰动,它会使当地城市空间发生适应性变化,如鹤壁市已因工程影响,对老城区进行了改造升级。四是产业结构。对现有结构调整和退出决策,将带来更多成本,而对未来产业主体的进入限制、禁止等约束条件增加,必然导致产业机会收益损失。

四、未来工程区域主题开发与联结

在理清了工程与区域资源清单后,在相互开放的基础上将工程与区域经济进行广泛联结,即通过双边人文联结、产业联结、资本联结、合同联结、管理联结和品牌联结等措施,使双方由非合作博弈关系转化为合作融合关系,从而产生一体化和最大化联合绩效。

在这里需要问究的是,工程与区域之间相互开放什么,以什么方式进行联结? 为此,区域与工程之间的相互开放就需要重新定义为双方资源开放与一体化配置程度。在存在开放的条件下,如果工程区域与工程之间各自存在资源禀赋优势,且这种优势具有差异互补特征,那么双方就存在潜在资源联结机会。如果两个理性主体从资源联结再上升到行政管理联结、产权制度联结和产业组织联结等高度,那么,双方将重新封闭为一体化主体,它是具有激励相容的可持续性的和谐发展单元,许多相互外溢的风险路径将被自我关闭。

(一) 联结类别

(1) 资源联结。即将区域资源与工程资源按照合作的模式,纳入统一的区域规划体系之中,按照总体目标进行统一配置,协同表达工程与近邻区域之间的联合绩效。

(2) 产业联结。资源联结是最基础的联结,但要实现可持续的资源利用模式就必须将资源联结上升到产业联结层面。具体来说,就是利用工程资源优势,将区域人文资源、自然资源转化为具有自我循环积累特征的产业优势,并在产业交互衍生过程中进行网络化联结,最终形成和表达为特殊的区域产业模式。

(3) 市场联结。这里的市场既包括资源市场,又包括产品市场和要素市场。其中,要素市场是区域资本市场、人力资源市场、人文市场、旅游服务市场、科研教育市场和建筑市场等多个市场集合,是区域与工程进行资源联结和产业联结的最重要基础。

(4) 管理联结。工程与区域管理联结包括四个方面:一是工程区域间的垂直行政管理关系;二是工程本身纵向管理关系;三是南水北调与区域、下级及相关主体之间的工程合同管理关系;四是法人主体之间的法律关系。四个方面的联结过程将产生新型的一体化管理,并用多重手段相互强化。

（5）产业组织联结。工程管理部门为了保证工程的发展,必须以自己的优势带动区域、企业发展,如开发一批有价值的主题,然后项目化为品牌产品。在此基础上,工程管理部门就可以通过一体化或联盟化方式进行产业组织联结。如果主题开发成功,那么工程管理部门将通过主题控制和现代公司治理模式对沿线经济主体施加影响,使可能的潜在冲突行为主体自动遵循工程目标。

（二）分配效应

任何联合或联盟行为都需要关注两个因素:一是联盟的组织和形成因素,这一点在我国具有体制上的优势。如果策划成功,行政力量足以推动该合作的初始形成。二是分配问题,即在总体理性满足的条件下,需要各区域和工程各方得到递增的收益。

工程与各区域之间的分配集中在以下几个方面:一是收益分配。在未来的规划中设计多种分配机制,它包括合同分成、公司治理、行政分税制和转移支付等,一些新的分配模式将在探索中不断得到完善和补充。二是成本分配。这需要特别关注两种成本:一是社会成本,如在南阳市镇平县调研所发现的干渠对社会交往和产业互动带来的成本。二是冲突成本,即双方因利益冲突而导致的可能风险及财富净损失。冲突成本包括再谈判成本、法律成本及监督管理成本等。我们不仅需要关注收益的分配,也需要关注联合成本。三是风险分配。风险分配是指因双方合作不确定性带来的收益和成本风险的分配。这些收益和成本风险可以通过适当的合同设计来进行分摊,也可以利用保险市场来进行分配。四是责任分担。工程将通过多种责任机制,如行政责任、法律责任和经济责任等途径来对合作联合中的责任进行分配。

五、区域文化产业与工程联结

河南省是华夏文化的发源地、演化地和活动中心。历史活动所遗留下来的遗产,其数量之巨,在全国实为罕见。有资料表明,河南省地上文物数量居全国第二,地下文物数量居全国第一。文化遗产具有不可再生性、不可模仿性和垄断性,丰富的文化遗产是祖先为河南留下的宝贵财富,这种人文禀赋资源不仅为区域发展提供了无穷空间,而且对这些潜在遗产资源的合理产业化开发也必将会给河南带来无穷的投融资机会。

(一)河南省文化资源特征

河南省在全国和全世界的人文地位是众所周知的,但是也必须看到,河南历史文明信息还存在一定程度上的碎片化、隐藏化和非实体化状态。河南的文化信息几乎覆盖了中华文明史的传说时代和信史时代,但是由于各种因素影响,大量的历史遗迹埋藏在黄淮平原之下。河南历来为四战之地,朝代更迭和外族入侵使得其中心区的文化古迹大多毁灭于兵燹。工程所经过的文化富藏区是中国粮食的主产区,河南又是人口大省,保存河南的文明记忆与现代发展产生了必然的空间冲突。

河南省人文资源丰富,但是诸多因素影响了这种资源价值释放,影响了人文资源为地方发展服务。除了资金不足、缺乏有效的开发模式外,更重要的原因就是与文化资源的分布特征相关。

(二)工程文化演绎平台

工程建设为河南文化产业化发展提供了契机。在未来的区域发展中,河南省将新增一个文化集中化保护空间长廊。工程为文化产业化开发和潜力释放提供了以下条件:

(1)文化展示平台。工程涵括河南主要的文化资源区,以它为纽带可以将有关文化主题按照时间顺序集中展示在线状文化走廊上。工程可以成为河南省文化碎片整理和承载的平台。

（2）文化产业平台。工程可以充当文化产业实体，利用自己的资源动员能力将这些潜在资源转化为可供消费者消费、投资者识别的文化产品，从而使文化产业得到良性循环。

（3）网络化功能。工程不仅可以直接承载文化，而且可以利用现代科技技术再现文明史演化的真实情境。更重要的是，利用拓扑近邻空间关联联结手段，通过产业组织过程将文化资源与文化市场网络化联结，从而扩大文化产业。

（4）市场化联结。与商业性决策时间结构不同，工程性质决定了它是一个长期目标追求者，而文化资源也存在随时递增特征，两者不谋而合。工程与其他短期目标理性主体不同，它有动力对长期性、战略性和外部性目标进行投资。因此，工程有可能、有动力也有能力在人文要素市场进行投资并进行联结，如现代人文开发科技、人文资本市场工具创新和对长期消费市场投资等。

（5）规模与分工关联经济。工程是一个典型的跨区域、跨流域线性工程，它的空间管理涉及多个省市，而其冲突、风险和收益也是典型的跨分结构。因此，工程自我创新和模式探索，将可以在一地试验多地实用，具有非常典型的规模经济、范围经济和分工关联经济特征。

总之，如果工程与河南省工程沿线的区域经济成功结合，那么它将开创重大人工工程带动区域经济的先例，从而使之成为全国乃至世界最具特色、最具示范的工程。

（三）河南文化网络中心机制塑造

河南是中国历史文化网络的中心，从夏商周到两汉，河南一直都是中国的政治、经济、科技、学术和人文中心。河南是中华人文始祖起源地，是炎黄子孙朝圣之地。河南是中华大量姓氏的起源地，沿工程线路所在区域都有许多族姓后裔可以寻找到自己的姓氏始祖。

历史人文活动留下了大量的遗址遗迹，包括宫廷园林、古边关、漕运水道、寺庙道观、名人故居和古墓遗存。同时，人文活动也遗留下了大量的非物质文化遗产，如绘画、故事、传说和戏剧等。在工程沿线的安阳市和南阳市等地区,人文活动往往使人文遗产与自然遗产紧密相连,相互渗透融合。众多的历史事件、人物和遗址使河南成为文化网络的中心节点。

河南的历史文化与非物质文化遗产更多的是一种潜在资源,并且存在一定程度上的分散、分割现象。工程的建设与运行管理为沿线区域文化资源整合带来了难得的机遇。

(四) 文化产业链

文化资源潜力的发挥只有在形成完整的产业链时,它的文化生命才可能被真正激活,并且走上文化产业自我循环的可持续发展道路。在工程与区域联结中,需要积极尝试塑造跨主体、跨区域的产业链,利用产业市场价值发现和定格功能,激励各潜在主体之间围绕工程建设建立自动联结关系。目前,河南省与工程存在的潜在产业链包括:①旅游产业链。它包括观光旅游、寻根旅游、朝圣旅游、历史凭吊和考古科研旅游等,这些产业链有些已得到开发,但由于缺乏有力的主题策划、专业智力和文化服务的支撑,其潜力没有得到发挥。②文化教育产业链。文化教育应该从青少年开始培养,积极引导其了解遥远时空的事物,了解本土的文化历史事件。作为文化大省的河南省,要培养未来的文化产业,应努力建立更多的文化教育基地,一方面承担本土传统文化的研究,另一方面传承和传播自己的特色文化。教育基地既要有实物模型和博物馆群,又要有文化表达情境和仪式。同时应提供从初级到高级专业、专家级的导游服务。③仿古生活产业。模仿和恢复古代生活模式的仿古产业链,包括古建筑、古材料生产、古音乐器材、各类古代生产生活器物、古代艺术、古代服装头饰、古代交通工具(车、马等)和古代加工产业链等。④古文明产业。综合展示古代人与自然和社会互动的产业集合,包括仿真古代生活体验、传统产业参与生产体验、古代情境娱乐体验和古代饮食业及其服务产业链等。⑤农耕文明园林。农耕文明延续了几千年,它创造了灿烂辉煌的文明形式。随着城市化工业化的快速推进,亟待保护与传承农耕文明。它既可以使人们在心灵上得以回归,又与现代潮流兼容。农耕文明重点体现在三个方面:一是农耕产业链;二是农耕社会网络;三是农耕经济的人与自然关系。⑥联想产业链和创意产业链。由于大量历史信息的遗失,在恢复和复原各种文明样式和文化遗产时,需要大量的联想和创意,否则任何文化产业都将变得生硬而失去活力。从这个角度来说,文化产业本身是以现有文化遗产为内核,充分体现人类创意的新型产业。⑦文化高科技产业链。文化高科技产业链是指文物复原、仿真和创新,利用现代技术来表达最传统的内容。例如,三维仿真可以从多角度虚拟参与,共同恢复和多元化解读内心崇尚的传统人文。动漫产业与传统人文相结合,可以使人类最核心的价值观跨时空联结,自我再创和衍生出更生动的人文故事。传统的故事通过网络游戏表达,于娱乐中达到历史人文教育培养的目标。工程可与这些潜在的文化产业链相衔接,以现代工程精神、生态要求对接古文明产业、农耕产业,以创意产业、文化高科技产业促进工程与区域文化产业的联结和发展。

六、区域自然资源产业与工程联结

自河南省南阳市开始,工程一路向北推进。工程沿线不仅有丰富的文化资源,而且拥有丰富的自然资源。这些自然资源或处于工程线上,或处于工程附近,或与工程存在直接或间接的关联。人文资源、自然资源和工程在特定空间的聚集,不仅组合成壮观的景象,也将成为可利用的新资源领域。

(一)河南省工程沿线的自然资源特征

与人文资源一样,河南省工程沿线有大量的河流、山川等自然景观和自然资源。工程周围的自然资源有其显明特征。一是多样性。从景观资源来说,工程沿线既有水景观、湿地景观及生物多样性景观,也有名山、大地形胜和人工工程景观。从资源形态上来看,它既有各类生物资源,又有河流资源、地质资源和气候资源等。二是特异性。从安阳的太行山到黄河,从伏牛-桐柏山到丹江口水库和方城界口,工程近邻地带的自然资源都具有特异性。三是垄断性。资源在地理空间聚集，特异性使得工程资源具有不可替代性、不可再生性和不可模仿性，因此它是垄断资源。四是空间聚集性。工程附近的资源最特别之处在于它的高度聚集性。在安阳市，它与人文资源及其他资源组合；在郑州市，它与黄河及城市文明组合；在南阳市，它更显现出独特组合的魅力。

(二) 工程自然资源演绎平台

河南省工程近邻区域虽然存在丰富的自然资源，但这种资源目前仍然是潜在资源。工程建成后，将成为这些地区的重要发展机遇。

(1) 自然资源演绎平台。工程建成后，沿线的自然资源及其景观将会得到重新发现并形成景观贸易市场。由于人口聚集，当地的资源产业可以转化为资源商品，走向市场。

(2) 自然资源产业平台。工程可以充当自然资源开发实体，利用自我品牌影响力和资源动员力，将沿线近邻资源进行集中开发，使之转化为可供消费者消费、投资者识别的自然资源产品。

(3) 网络化功能。工程不仅是自然资源整合和承载平台，而且可以通过工程纽带将所有关联企业网络化，塑造资源产业的投入、产出和服务网络。这一网络还可以通过拓扑关系扩展到更大的区域经济范围，使整体经济在产业组织过程中进行联结，从而使自然资源的利用不断增值。

(4) 自然资源的市场化联结。工程追求长期目标，而资源产业追求可持续目标，两者具有内在一致性。它们都是具有长期性和战略性的投资主体。因此，工程有动力和能力在自然资源科研、教育和基础设施等方面进行投资和联结，推动自然资源开发科技、自然资本市场工具创新和长期消费市场投资等。

(5) 规模与分工关联经济。工程是跨区域、跨管理、跨行业的，其绩效也具有典型的跨期特征。因此，工程自我创新和模式探索，将可以在一地试验多地实用，具有非常典型的规模经济、范围经济和分工关联经济特征。

七、区域与工程联结的表达模式

人文和自然资源最终都需要寻找到合适的基点来承载,并通过特殊的设计过程,最终实现人文表达。河南省文化资源和自然资源应在现代市场经济中成为投资者追投的对象,成为大众消费的热点。为了探索工程和河南区域文化产业合作,我们从三个角度来寻找文化和自然资源的人文表达方式,这三个方式分别是主题表达(产品表达)、网络化拓扑表达(产业表达)和空间表达(布局方案)。

(一) 人文资源和产业的主题表达

人文资源与自然资源的主题表达,首先通过特征提取技术将潜在资源转化为各类开发主题;然后通过项目包装过程,对各类开发主题进行技术、经济和环境等方面的可行性论证。主题表达需要达到以下目标:①项目化。工程通过厂商的生产技术手段将各类资源进行整合,转化为具有清晰边界、具有某种功能和价值的方案;工程管理部门需建立相应的项目库,对工程沿线区域的资源和工程资源进行统一打包,分类开发。②项目融资。在进行项目化包装后,项目本身所产生的潜在预期现金流首先通过金融机构、投资机构成为投资的对象,然后通过金融工具创新转化为可以为所有投资者进行投资的工具。③消费方案。由于项目方案本身是一种产品,它的目标最终需要转化为可供消费者消费的产品,如旅游服务和地方特色产品等。

(二) 网络化拓扑表达

网络拓扑表达是通过产业链内部的关联关系、行政管理关系和社会网络关系,将工程和区域项目资源统一融合到工程以外的投入产出网络中。网络拓扑过程与物理关系不同的是,它不需要考虑工程、区域和项目边界或实质性联结关系,而是通过各类关系系统产生跨时空的联结过程,使各类表面上不相关的主体之间产生互动关系。网络化拓扑表达过程(南阳试点段),如表1-7所示。

表 1-7　网络化拓扑表达过程(南阳试点段)

工程资源 (0 级节点)	区域资源 (0 级节点)	一级网络拓扑 (主题资源)	二级网络拓扑 (网络资源)
南水北调(南阳市水源区段)	南阳畜牧主题、南阳人文主题、南阳自然资源主题	整个南阳市包括南阳水源区及其他地区	水源区以外的所有地区,包括湖北和陕西及河南近邻地区
主干渠(方城段)	方城哑口主题	人文景观、自然景观等所有资源集合	产业链,消费群,唐河及桐柏县等
主干渠南阳市区(干渠沿线)	两汉主题、春秋主题公园、文化产业园区	南阳市西汉与东汉相关的所有人文资源	三国文化圈子、东汉文化圈以及相关的人文关联网络
淅川县(河南省水源区)	楚文化主题、淅川环库自然公园	丹江口市及南阳所有相关楚文化要素	扩展到整个楚文化区内,包括长江淮河以南地区
无工程联结	西峡县与内乡县	无一级联结	山水产业、自然资源产业、人文产业等
南水北调干渠镇平段	镇平县	农耕文明区	玉交易网络

　　表 1-7 中的一级网络拓扑是指在地理空间中处于近邻联结状态的所有节点集合,如方城哑口主题中的缯关、楚长城和南襄走廊等本身就与工程组合在一起,因此,它属于一级节点。0 级节点是指工程及其区域。二级网络拓扑有几种认知方式:①资源之间的内在关联网络。例如,三国文化圈将南阳三国文化扩展到所有活动区,它们属于共享文化资源,因此,可以联合开发。楚文化网络则包括更大范围,它使南阳在所有关联文化网络中处于重要节点位置。②产业网络。对于资源经济来说,现在普遍将文化经营看作门票经济,即吸引游客到原产地观光消费。但是,还存在另外一种消费方式,即文化借助品牌和产品媒介,通过商业网络实现的间接文化消费。例如,购买南阳玉不需要亲临南阳独山,可以通过网上订购、专业店铺购买。一种更间接的文化消费是完全无形贸易,如出口文化理念或者直接的文化信息消费,这在中央电视台和地方电视台可以经常看到。③文化社会网络。例如,文化

与资源科研之间的合作与交流、文化互访和寻根旅游等。

（三）空间表达

空间表达是所有人文资源和自然资源的空间承载组合和表达模式。具体地说，就是通过主题压缩过程，将所有河南省工程沿线区域的自然资源、社会资源和人文资源都转化为产业资源，而工程两边的空间将作为产业化开发和营销的集中平台。

工程平台将承担以下功能：①一体化功能。即将沿线区域所有主题经营总部放在工程封闭边界以内，通过产业组织过程影响外围节点企业和经营主体的行为。②物理模式。假设工程为一条封闭的高速公路，那么它有自己的经营生活区和加油站等。工程管理将采用这种模式，在对沿线工程进行封闭的同时，可开辟大量的开放专业管理区。这些区域主要用来承担以下功能：一是供游客休闲观光。二是供产业和服务主体经营。三是建立文化博物馆，用来保护碎片化文化信息并进行科研。这些开放专业管理区，首先在工程干渠与城市间设置流量开放缺口，然后分别引入目标消费区，统一核算、统一管理。③近邻拓扑模式。近邻拓扑是将相近的文化区，社会相似、经济利益一致的区域，纳入统一的符号经营系统中，并建立导游和导流系统，将各类消费者引导到目标资源区。

八、工程与区域联结的响应分析

工程不仅是一个水利工程，而且形成了一个人工流域生态系统。工程与其周围区域会发生多维、跨主体和跨区域互动，这种互动既增加双方的潜在联结机会，又可能会导致工程与区域之间存在潜在的冲突。按照一般的理论分析和现有经验证实，工程未来的绩效和行为将在与周围区域之间的互动过程中形成并联结。

（一）工程沿线的潜在响应分析

1. 工程周围的潜在响应类型

工程周围的潜在响应类型，如表1-8所示。

表 1-8　工程周围的潜在响应类型

影响因子	类型描述	可能的响应类型
工程资源禀赋	工程本身的景观资源、水资源、人文资源、生态资源和投资活动等,对其他主体产生吸引力	投资或投机套利、旅游与人居聚集、政府公共基础设施投资
周围空间稀缺效应	土地空间、进入稀缺性约束、特殊的景观或资源部位	房地产或商业经营活动、投机性投资活动
工程的信号效应	工程对区域地位、区位和标识等方面的作用,显示了工程影响力,也使某些区域变得更拥挤和稀缺	预期投资或投机、工业与产业链进入、品牌套利和讨价还价
工程正外溢效应	资源或环境,或者工程本身的信号标识和影响力对周围区域的重要影响,使价值上升或更稀缺	公地效应所导致的一切聚集现象
工程负外溢效应	工程风险外溢,工程带来的负面成本及不利影响	引起更多讨价还价,对周围可能造成环境安全及风险性问题,从而使投资发生波动
工程引致效应	间接影响过程从而扩大化工程本身的初始影响过程,并合成为巨大的影响力	产业套利性、社会影响力、品牌价值的外溢等
工程品牌效应	工程无形资产一部分	许多主体利用与工程之间的联结,谋取自己的利益

2. 工程周围的潜在响应因素

工程与沿线区域之间联合互动策略空间异常广泛,但通过调查,可以将其压缩为以下几个潜在变量:①消费选择性聚集。即从消费群体的消费选择角度,来判断未来各消费群体因消费因素而向工程周围聚集的趋势。②生产决策性聚集。即将工程看作一种新的资源因素,从而产生了向工程本身聚集的持续性倾向。同时,除了工程本身作为资源,它的存在也会提升工程附近其他资源的价值。由于厂商会有针对这些价值的套利性进入,在生产厂商的响应过程和决策行为中,我们可以通过观察厂商的预期行为变化,来探索未来工程周围的情境。③投资与投机行为。当工程作为持续的跨期主体存在时,工程周围的空间和资源等必然会越来越稀缺,其拥有的实体资源也将随着时间而自然增值。对于一个厂商来说,它必然会通过跨期行为的调整或者预期影响来实现该收益,对这一理性方向可以进行提前试探。④公共管理及政府响应。即政府适应性的,或主动推动的与工程之间的联结,从而实现地方政府理性的响应行动。由于政府的推动方式往往也是多元的,其中最重要的就是通过基础设施的投资过程来引导经济主体的选择行为,因此,我们特别关注政府通过公共工程和公共服务的响应性变化。⑤人居模式的变化。工程建设时期已经对沿线城市和农村的人居模式进行了改造,而且还将在未来与工程互动中进一步塑造区域人居行为和空间行为,特别是它可能引起城市结构、方向、产业和空间布局等的改变。在农村,由于河南省正处于快速城市化进程,这一过程也将受到工程的影响。

(二) 现有响应的多元证据集合

1. 新闻与聚焦过程

新闻媒体在工程还未正式动工时,就给予了足够的关注。这些媒体包括纸质媒体、互联网以及各类相关的平面媒体。新闻媒体的参与者包括中国各大电视新闻媒体、各类专业杂志期刊、电子网站等。电视、互联网和专业杂志等各类媒体积极响应,持续关注时间跨度在50年以上。

2. 工程本身的自我推进

工程管理部门致力于推动工程与区域之间的联结工作。其中一个最普遍的行动指针是如何使工程为地方经济服务,以及如何通过对工程周围的和谐性和可持续性发展方向的调整来维护工程的安全性。在这方面,已从工程专业网站上发现了大量的指针性线索和方案。工程和河南省各区域之间的行政互动非常频繁,并产生了大量有价值的有关合作方案和政策性文件。

3. 政府的现有响应行为

河南省政府也提前进行了响应性研究。这些研究体现在以下几个方面：①在宏观区域政策方面，河南省将工程作为中原城市群建设的用水保障措施之一。②从资源经济学上考虑，河南省针对工程水资源状态改变，对产业结构和城市布局进行了合理统筹。③在城市建设方面，鹤壁市已对本市进行了城市改造。④在职能管理方面，水利、环境保护、城建和供水等部门分别进行了研究并制定相应政策。

4. 学术响应

目前有关工程的学术成果不少，但对响应对象的研究大多局限于水资源、水资源分配对区域经济结构和总体的宏观影响等。从目前研究方面来看，主动将工程主题与沿线区域进行联结的文献并不多。2011 年，王树山正式提出了主题联结概念。这预示着区域行动将在后续互动中逐渐显示出来。

5. 近邻社会响应

工程涉及两类微观主体：①水源区微观主体。②干渠近邻微观主体。从水源区来说，讨价还价边界将从丹江口水库扩展到整个水源区，从农村到城市，从农业到工业商业等各个领域。从干渠沿线来说，那些紧密接触的近邻主体的产业经营行为、生活人居行为等，与工程产生了竞争性不相容使用冲突。它们的未来响应模式具有高度的不确定性，需要专题性调研才能充分揭示。但是，从许多大型工程和城市改造经验来看，这些冲突性响应是广泛的、持久的和频繁的。

由此可见，工程与区域发展存在着深度联结，既有冲突，又有机遇。按照目前的运营模式，许多潜在的工程资源还没有发挥价值，既不利于沿线区域高质量发展，也不利于通过延长水产业链进一步发挥工程效益。南阳既是工程的水源地，又是工程的受水区，深入探索南阳与工程的联结机制,既有利于实现南阳发展与工程运营间的激励相容,又能为其他受水区与工程的联结提供策略参考。

九、以南阳地区为例的缘由

南阳地区是工程的渠首所在地和核心水源区,是丹江口水库的主要淹没区和移民搬迁安置区,既有移民工程,又有输水干线工程和受水配套工程,是干线最长、移民最多、工程量最大、环保任务最重的省辖区域,在整个工程建设中占有非常重要的位置。

(一)南阳地区作为水源区的重要地位

千里长渠始于南阳,是荣光,更是责任。作为渠首所在地和核心水源区,南阳地区在整个工程建设中有着独一无二的区位特征和无可替代的功能定位。

(1)南阳地区是工程的"大水缸""水龙头""长水管"。2012年,丹江口大坝坝顶高度由海拔162米加高至176.6米,正常蓄水面积由745平方千米扩大到1 050平方千米,其中南阳境内水域面积506平方千米,占48.2%,水库正常蓄水位从157米提高至170米,库容从174.5亿立方米增加到290.5亿立方米。丹江口库区水源地跨河南、湖北、陕西、重庆、四川、甘肃6省、13个地市、49个县(市区),流域面积9.52万平方千米。丹江口水库多年平均入库水量388亿立方米,涉及洛阳市栾川县,三门峡市卢氏县、南阳市淅川县、西峡县、内乡县和邓州市六个县市区,流域面积7 815平方千米。南阳水源区面积6 362平方千米,占河南省水源区总面积的82%。

(2)南阳市是河南省生态建设、保护水质任务最重的省辖市。淅川、西峡、邓州、内乡等核心水源区和水源涵养区面积达6 362平方千米,占河南省水源区总面积7 815平方千米的81.4%。总干渠两侧水源保护区总面积310.44平方千米,其中一级保护区(距干渠50~100米)29.76平方千米,二级保护区(距干渠150~1 000米)280.68平方千米。丹江口水库水源保护区为1 595.89平方千米,其中一级保护区 47.06 平方千米、二级保护区 253.57 平方千米、准保护区 1 295.26 平方千米。一级保护区全部在南阳境内。

（二）南阳地区是工程建设移民量最大的省辖市

为了确保"一库碧水惠京津"，南阳人民顾全大局，无私奉献，付出极大努力，谱写了感天动地、波澜壮阔的恢弘篇章，创造了彪炳千秋的卓越功绩。

工程丹江口库区移民分属河南、湖北两省，其中河南库区 16.6 万移民全部集中在南阳淅川县。按照中共河南省委、河南省人民政府关于丹江口库区移民"四年任务，两年完成"的总体要求，在 2009 年完成试点移民 1.1 万人后，2010、2011 年完成剩余 15.5 万人的搬迁安置任务。试点移民涉及淅川县 8 个乡镇、10 个移民村、69 个村民小组，分别安置到平顶山、漯河、许昌、郑州、新乡、南阳等 6 个省辖市的 10 个县市区，共建移民安置点 12 个。2010 年第一批移民涉及淅川县 10 个乡镇 57 个移民村，分别安置在平顶山等 6 个省辖市的 25 个县市区，共建移民安置点 81 个。2011 年第二批移民涉及淅川县 10 个乡镇 101 个移民村，分别安置在平顶山等 6 个省辖市的 20 个县市区，共建移民安置点 115 个。

（三）南阳地区是工程总干渠渠线最长、工程量最大的省辖市

南阳段规划设计建筑物 328 座，其中九大节点工程独具特色，自南向北依次是陶岔渠首枢纽、淅川段、湍河渡槽、镇平段、南阳市区段、南阳膨胀土试验段、白河倒虹吸、方城段和方城垭口。全长 185.5 千米，占河南段总长的 1/4，占中线工程全线长度的 1/7。

工程总干渠途经南阳市的淅川县、邓州市、镇平县、卧龙区、高新区、城乡一体化示范区、宛城区和方城县 8 个县市区的 27 个乡镇。南阳段共有各类建筑物 343 座。征地拆迁涉及淅川、镇平、卧龙、宛城、高新区、城乡一体化示范区、社旗、方城和邓州市 9 个县市区、35 个乡（镇、办事处）、228 个行政村（居委会），拆迁居民房屋 11.69 万平方米，搬迁安置人口 4 421 人，生产安置人口 23 564 人，搬迁企事

单位和村组副业 83 家,迁建电力、通信、广电、管道 1 299 条(处)
654 千米。

(四)工程对南阳地区社会经济发展影响深远

工程为南阳地区经济社会发展提供了新的机遇,产生很大的带动
和促进作用。

首先,工程拉动南阳地区经济增长。工程的建设,对南阳地区经
济增长的影响将通过乘数作用进一步放大。实施工程可以相应增加
工程建设设备和建筑材料等产品的需求,并进一步刺激相关上游产
业和关联产品的发展。经验表明,投资的 40% 可转化为消费,因此,
工程对扩大内需有双重拉动作用。

此外,工程通过改善当地的生态环境和生产条件,促进受水地区
生产能力的形成和提高,使其潜在的资源优势转化为经济优势,推动
受水地区经济的普遍增长。同时,南阳地区是铁路、公路的枢纽之一,
综合运输能力强,具有良好的区位条件和交通优势。但由于水资源的
短缺,目前当地丰富的自然资源组合优势未能充分发挥出来。随着中
部崛起战略的实施,水资源的需求规模将迅速扩大。南水北调工程将
为生产力布局创造先行条件,为该地区吸引投资、改善农业生产条件、
开发矿产资源和城市建设等创造条件,促进生产力布局的合理调整,
推动地区经济增长。

其次,工程有利于产业结构调整和要素的合理配置。工程建设可
使原有企业扩大规模,并通过改组提高效益,加速城市产业结构的调
整。另外,可使输水沿线地区,特别是干渠沿线地区的资源优势得到发
挥,促进新的生产力布局的形成。就农业生产来看,日益严重的旱情灾
害将在很大程度上得到缓解,可浇灌耕地的面积将进一步扩大,农业
生产条件将进一步改善,为提高农产品产量和改善农业种植结构,发
展特色农业和高效农业创造条件。

再次,工程建成后,将有效地改善南阳地区的投资环境和增强
吸引生产要素的能力,有利于资源合理配置格局的形成。

由此可见,无论是从南阳地区在工程中的区位优势,还是从工程对南阳地区的影响来看,南阳地区与工程联结的广度和深度都是工程沿线其他区域无法比拟的。

第二章　工程对南阳地区发展的影响

一、南阳地理描述

南阳位于豫西南地区,外与陕西商洛地区、湖北的十堰和襄樊交界,内与洛阳、平顶山和信阳接壤。南阳由淅川、西峡、镇平、邓州市、唐河、方城和桐柏等 18 个县市区构成,目前总人口 1 198.1 万,总面积 2.66 万平方公里,是全省乃至全国人口密度相对较大的地区之一。

南阳位于秦岭以南,其北界是我国自然地理的重要分水岭秦岭余脉伏牛山脉。东南环盆山系是桐柏山-大别山脉,它是淮河的发源地。西北部是大巴山-武当山-秦岭余脉,在我国区位地理上被称为秦巴山区,周山环绕的中间地带即南阳盆地。南阳由高山、低山、丘陵、河谷和盆地等多种地形组成。

南阳地貌多样,是我国非常有特色的地理单元。这种地理是多种地质单元相互作用的自然杰作。南阳盆地位于中国最核心、最坚硬的"中央造山带",即昆仑山-秦岭大巴-桐柏山大别山-郯庐断裂带-苏鲁造山带的陷落处,它是东亚大陆上最坚硬造山带。该地带由华北板块与华南扬子板块相互撞击而形成。秦岭山脉为华北板块南缘,大巴山为华南板块北缘。秦岭大巴山脉在南阳盆地处消失,向东又出现了桐柏山和大别山。因此,南阳盆地位于中央造山带中心位置。

南阳盆地处于中国版图的腹地。雨热光照组合和肥沃的土壤,使该地成为"中州粮仓"。南阳土地面积占河南耕地面积的 12.9%、占全国耕地面积的 0.7%,粮食产量占河南的 1%,棉花产量占河南的 20%、占全国的 4%,油料占河南的 13%、占全国的 2%。南阳拥有植物品种 1 500 多种,生物的多样性和大量的地方传统品牌使南阳具有巨大的开发潜力,其中南阳黄牛是中国五大黄牛品系之一,远销全国和世界市场。

南阳为向东南倾斜的盆地。南阳盆地位于秦岭、大巴山以东,桐柏山-大别山以西,北为秦岭山脉东端的伏牛山地,南为大巴山东端,中部盆地大多为海拔 80～120 米的冲积平原,内有唐河、白河和丹江等主要河流南入汉江水系。

南阳是许多重要河流的发源地,称为小三江源地区。这里所说的小三江源,是与国家三江源相对应的。三源是指汉江发源地、淮河发源地和工程水源地。南阳盆地卫星地图,如图 2-1 所示。

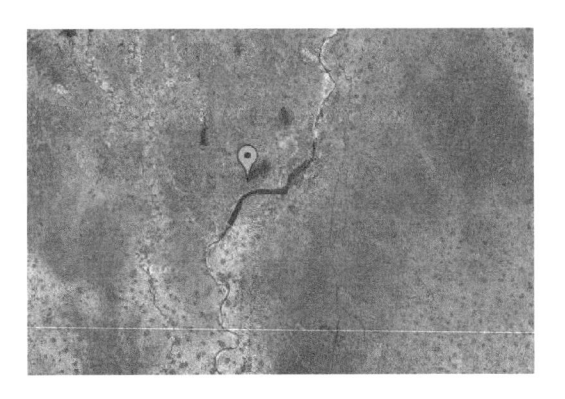

图 2-1　南阳盆地卫星地图

南阳气候类型属于典型的半湿润大陆性季风气候,四季分明、阳光充足、雨量充沛。其平均年降雨量800～1 000 毫米,平均年统计水资源总量达到 70.35 亿立方米。境内河流分属长江和淮河两大水系,百公里以上的河流 10 条,主要有丹江、唐河、白河、淮河、湍河、刁河和灌河等,水储量、亩均水量及人均水量均居全省第一位。

因地处伏牛山南坡,东南湿润水汽沿河谷向上输送,至南阳盆地后随势抬升,冷凝而形成了丰沛降水,且降雨、温热和地形组合后相互作用,形成了非常典型的垂直立体植物分带结构。由于降水影响,南阳山区的整体生态环境具有过度性和垂直性,以亚热带落叶阔叶林为主。在冬季,秦岭山脉成为天然屏障,阻挡北方的南下沙尘与冷空气;而在夏季,大巴山则隔离了南方的炎热与潮湿。

(一)水源地简介

丹江口水库有两个水源地:一是汉江流域,二是丹江流域。丹江流域即本书选择的目标规划地。其水源地边界是南阳的淅川和西峡两县。其规划对象为水库水源区的自然地理、社会、经济和管理系统。该系统包括水库库区、水库水源地与水源区以及河道生态走廊三个地理单元。

1. 丹江口水库库区

工程蓄水源为丹江口水库,取水口为南阳淅川县陶岔。水库坝址为紧邻淅川县的湖北丹江口市,水库设计目标包括发电、灌溉、蓄水、调水和防洪等,属于典型的多功能水库。该水库于 1959 年动工修建,1963 年开始蓄水,主要用于发电和汉江防洪。1998 年中央政府启动工程后,大坝加高到 172 米形成对北京地区的自然落差,水库以输水为主,通过工程输配水网络缓解我国北方用水紧张局面。水库库容为290.5 亿立方米,水面面积 1 050 平方千米,南阳境内占 506 平方千米。水库不仅有水资源,也包括山水组合等景观资源。

2. 水库水源地与水源区

工程水源地包括陕西、湖北和河南三省四市七县,库区流域面积9.73 万平方千米。汇水区域主要由两条重要河流组成。

一是汉江上游,即发源于陕西汉中的汉江流域,沿途汇集了最大支流堵河(湖北十堰竹山县、竹溪县、房县)后,直接汇入丹江口水库。

二是丹江上游,该河流发源于陕西省商洛地区,沿途汇入河南境内的淇河和老鹳河。这两条支流均发源于河南省南阳市西峡县,并经过淅川县注入丹江口水库。

3. 河道生态走廊

生态走廊是指与丹江口水库风险关联的河道生态系统,即河流滩涂、河道及沿河所有自然、社会和经济系统。由于任何背景污染物最终都通过河道汇入水体，水体的质量、水量等变量都直接或者间接与河道系统相关，而河道系统的质量又与周围的经济系统、社会系统和公共治理系统相关，因此，必须将河道纳入规划之中。河道对下游水体的影响是不确定的，其行为表达存在三个截断点：①不相关关系。②正相关关系，即河道系统与水体质量目标激励相容且强化正相关。③负相关与冲突关系，即当河道系统与下游水体发生冲突和不相容使用时，上游具有明显的优势影响下游，从而造成资源的不相容使用，向下游排放过度的负外部性。

(二) 边界定义

工程水库、河流流域本身是风险共同体。由于河流、土地、交通、社会网与水体互动，具有不完全或非排他性、外部性和资源共享性，水源地与库区是一个典型的公共资源。这种公共资源可以分解为两种解读模式：

第一，"公地"或"公共资源"特征。这主要是从水源地资源和产品性质上界定，因为水库与河流之间本身存在使用上的竞争性和非排他特征。这里的非排他性是指自然资源间、自然系统与经济系统间、社会系统间存在的频繁跨边界互动，从而在混合边界和交叉点所引起的不相容或竞争使用关系。例如，丹江口水库与整个上游的河流之间的相互影响会扩展到水生物水生态系统，而水生态系统在与人类相互作用的过程中，就会产生某种潜在公开的冲突。同样，河流独立开发（如水电站）会导致河床裸露，造成污染物积累。这些污染物在洪水季节集中排放，会导致瞬时排放强度超过河流净化极限。

第二，风险共同体。从风险意义上说，因河流能够将所有流域范围内的面源污染、电站开发、自然灾害、产业开发和人居模式等全部或部分汇集到河流系统，并利用河流动力学机制将这种负外部及其影响扩散到下游，从而部分或整体地影响河流的健康和功能的表达。河流上、下游因自然动力学机制产生的行为高度关联，也使下游与上游共享某些风险。事实上,丹江口水库与其上游流域范围内所有空间系统都存在行为与风险的一致性。这种关联及非排他性使汇水区、河流和水库成为共同风险体。

为了清晰勾勒丹江口水库区的所有风险和行为特征,我们从行政属地管理原则入手,对整个丹江口水库区的背景风险,展开属地资源风险统计和风险识别。

1. 属地管理

淅川县内的行政系统是按照属地管理原则来配置资源和责任的。这种属地管理的行政系统事实上已明确了自己的行政管辖权,双方各自权利范围之间的边界相对清晰,且存在相对的排他性。淅川县与西峡县之间存在排他性,排他关键点在老鹳河与淅川的地理和河流交界处,该处的交界可以通过在河流断面设置行为参数监测点来加以控制和归责。

2. 完全覆盖

行政区对地理单元划分都是完全覆盖,并将所有管辖区纳入统一行政责任体系。这一特征可保证所有辖区内的分散风险行为被纳入统一行政责任体系而有序化、简单化。

3. 行政区域关系

在中国境内,任一省级行政区域都隶属中央政府管辖。这保证了任意两区域间无论或远或近都是同属关系。省级区域这种高度一体化、结构化的主体一旦之间发生冲突,可以通过组织程序寻找到调解裁判。例如,湖北与河南的近邻冲突村庄可以直接谈判协商,也可以通过乡镇、县、市、省等行政主体进行谈判,最高可通过中央政府调解。

4. 纵向部门联通、谈判、协调中心

我们可以独立地从环库水线中分离出可以识别相对责任隔离的空间作为研究样本。这一样本也适用于具有同构性、边界清晰的其他水源区。本次研究选取的完整行政单元为河南省南阳市淅川县,以及与河流风险关联的西峡县、邓州市和叶县等。河流风险简图,如图2-2所示。

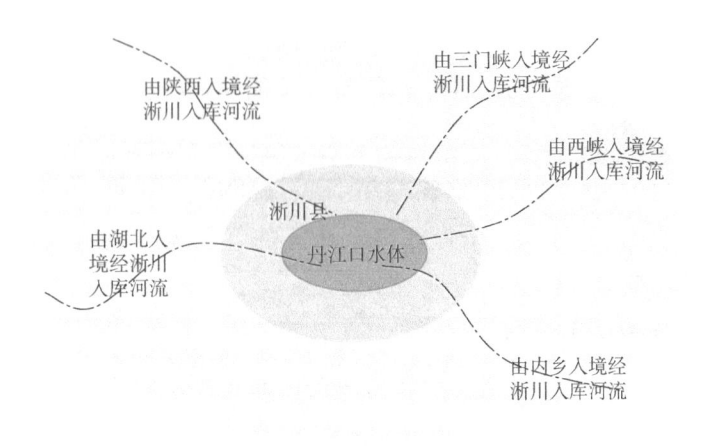

图 2-2 河流风险简图

二、水源地样本来源

（一）淅川县

淅川县是工程丹江口水库最为完整的水源区，包括库区、水源地和过境河流三种类型。环库自然村庄 436 个，沿河自然村庄 136 个。淅川境内水网密布，由丹江和老鹳河两条一级河流构成，二级河流 146 条，三级河流 548 条。一级河流丹江发源于陕西商洛地区，由淅川县直接入境入库。老鹳河发源于西峡县，经淅川县汇入丹江口水库。三门峡也有一条二级河流，入境后或归流入丹江或归流入老鹳河。

淅川县由三种简单分类土地单元构成：一是平原低山丘陵地区；二是沿河台地；三是环水线周围地区。各种地理单元相结合，构成了非常丰富的小地形资源区。从垂直结构上看，可以将淅川分为四种功能区，即天然林水源区、现代农耕区、现代城镇区和库区。

（二）西峡县

西峡县不与主体水库直接相邻，而是通过老鹳河和淇河与水库相联。西峡处于秦岭主脊，山体和汇水面积庞大，因此，它也处于敏感水源范围。

（三）内乡县

内乡县的许多情况与西峡县非常类似。将西峡县与内乡县统一纳入分析的范围，主要有两个方面的原因：一是淅川、西峡、内乡在自然环境和资源方面具有相似性和一致性，这种一致性可以按照规模经济特征纳入统一的规划范围。二是这些地区可能存在潜在进入和功能性冲突。

三、南阳的区位优势

（一）地形大势

从 Google 地图上的地理形势可以看出：陕西关中、汉中、湖北西山脉和中原等从四面旋转进入南阳盆地。历史上的南阳是属"南控江淮，北叩中原"的天地造化之设。其蓄势内敛，退可虎踞龙盘，进可牧马中原。西南为秦岭-大巴山区腹地，它既是天然的屏障，又是危难时可资利用的战略地理纵深。背依北-东走向的绵绵秦岭-伏牛山脉，成为南阳的气候和战略屏障。东北为淮河发源地桐柏-大别山脉。南阳四周为山脉环绕，形成向东南倾斜的南阳盆地。

南阳盆地本不是一个完全封闭的地理单元。它存在两条路径：一是通过神农架-武当山-桐柏山自然屏障间进入江汉平原的咽喉要道，该地带主要沿汉江分布，地理上大概经襄阳沿线荆门市。二是伏牛山和桐柏山之间的围合成为南阳襄阳（简称南襄）走廊，它是中原与江淮之间沟通的枢纽。南阳关联节点信息，如表 2-1 所示。

表 2-1 南阳关联节点信息

关联节点	方位	通道	控制点	节点禀赋		
洛阳	东北	水路	无	经济联系	文化联系	物理关联
		公路	伏牛山		存在久远的文化关联	直接加间接

（续表）

关联节点	方位	通道	控制点	节点禀赋		
平顶山	东北	南水北调、高速公路、铁路	方城垭口	煤炭	楚文化区	地理邻近
陕西	正东	公路水路	荆子关	地方物流贸易通道	秦楚豫交界	地理关联
湖北十堰	西北	水路、公路	丹江口、荆紫关	地方物流贸易通道	秦楚豫交界	水库、公路相通，地理近邻且处于同一山系
湖北襄阳	东南	公路、水路	丹江口	物流贸易	历史事件、人文共享区域，语言相同	地理近邻，河流上游

在冷兵器时代，南阳的战略地理区位非常特殊。汉水两岸皆为绵绵山脉，山脉之间夏水通流，夹山对峙，山锁江舟，因此维持了南阳盆地的平战双利。不仅如此，南阳丰富的物产和经济基础又可通过江汉的物流枢纽地位，坐享天下之利。进入战乱年代，南阳所拥有的山水控关之地不仅使自己成为静养蓄势的避难所，而且战时经济带来的巨额利益又反馈养育了盆地，因此，它从战国到两汉时期一直是冶铁重地。

但是，如果没有南襄走廊，南阳的历史命运很可能会沿着与现在完全不同的发展路径演化，即南阳在文化上会完全归属到荆楚文化区，而在行政上会成为今天湖北省的边远山区。这是因为，当秦岭-伏牛山、桐柏山-大别山成为天然屏障时，南襄走廊就成为它通往中原的重要物流、信息流和社会流通道。如果失去了这一战略性要地，南阳也失去了战略要塞地位，它的地理区域也将被逐渐边缘化，可能成为今天类似湘西、鄂西地区一样的偏远地区。然而南（阳）襄（阳）走廊彻底改变了南阳的历史命运。

南襄走廊处于秦岭与桐柏山脉之间，在地理学和地质学上，南襄走廊里的方城关隘所形成的陕长地带被称为地堑，既是历史上重大冲突蓄积释放之地，又是接续和沟通要道。在这一边界发生的所有历史互动、冲突和融合，产生了大量人类学故事。方城曾为古缯国属地，缯关是历史著名的关隘。该天险一直为当时楚国所觊觎，当楚国相继灭亡了缯国、申国和邓国后，它一方面可以利用缯关之固而自保，另一方面又可以借此天险地势继续向北推进，冲出平原，一直扩展到现在的平顶山市（叶县和许国），直至饮马黄河，问鼎中原。其中，方城关隘与楚方城堡垒相结合，使其成为楚与北方交锋过程中可攻可守的完胜之地。

方城-丹江-秦岭伏牛山脉是南阳非常完整的地理保障系统。其保障作用和机制体现在：当存在战争风险，或者处于战争年代时，南阳盆地的四围山脉和方城关隘就自动成为某国或某利益集团边界；而在和平年代，又可以利用联通性和商业网络尽享天下交易利益。不同状态下南阳得失，如表2-2所示。

表2-2 不同状态下南阳得失

项目	有利态势	不利态势
和平与一体化时代	能够利用交易之通道，利尽天下。荆紫关曾是中原与西北物流聚散地，方城是丝绸之路货源地，也是漕运干道	自给自足的物产成为天然贸易壁垒
风险与分割时代	在风险时代，南阳具有很大的自主性和灵活性。如果处于有利态势，它必然采取攻势，以商业、领土、政治和军事方式向外扩张。楚庄王时曾饮马黄河，问九鼎之轻重。曾是楚辖治地的叶县（今），向西势力曾经扩展至陕西蓝田、汉中。动乱时代的商业，大多与某种稀缺要素贸易相关，南阳曾是兵器交易地区	楚自失丹阳后，因巨大风险再无宁居。虽江汉平原有足够空间，但频繁迁移也使其丧失了实力

（二）网络关系

南阳盆地还与其他区域形成了一种网络关系。这一网络不仅使之具有地理空间上的南北交汇特点,也是历史上中原与江淮区域冲突的焦点地带。

1. 四至联通

襄阳和南阳分处于盆地的南北,这两座重镇的形成代表了南北双方在这片地域内利害关系的对峙和胶着。南北对峙时,南北双方往往各据襄阳和南阳而分享南阳盆地。

南阳地理网络矩阵列于表 2-3 中。从中可以看出,南阳虽然表面上地处四山环绕的相对封闭地区。但是,它的四周分别有河南的洛阳、陕西的商洛地区、鄂西北地区和襄阳市。在南阳与洛阳之间,有绵绵的伏牛山脉作为自然屏障,也有淇河水道相通。与陕西商洛之间,有丹江作为联通水道,至晚到清朝时代它还是重要的物流聚散地,在荆紫关镇三省(河南省、陕西省、湖北省)交界处仍然保留了大量的历史遗迹。与湖北十堰地区,双方不仅共享丹江口水库和水源地,十堰市也是其战略腹地。在与襄阳市关联方面,这两地在历史上多次处于同一行政区域,并且比任何近邻都具有自然、社会和经济人文方面的相似性。南阳与四周网络矩阵,如表 2-3 所示。

表 2-3 南阳与四周网络矩阵

项目	控制点	联系类型 A1				节点资源禀赋(A2)
		资源联系(A11)	历史联系(A12)	经济联系(A13)	边界联系(A14)	
南阳洛阳	伏牛山淇河	景观资源,战略屏障,水源地,社会往来	广泛的历史联系,以东汉为主	不清楚	经平顶山,有市级直达公路	控河南陕西要道
陕西	秦巴地区、商洛地区	天然屏障,关中资源,江淮资源	社会往来频繁	物流互换		

(续表)

项目	控制点	联系类型 A1				节点资源禀赋(A2)
		资源联系(A11)	历史联系(A12)	经济联系(A13)	边界联系(A14)	
湖北	襄阳	景观,汉江走廊	历史上属于同一行政区,也是同一文化区	南襄走廊使南阳共同成为江汉平原和中原之间的通道	无自然边界,只有行政上的边界	历史上共同控制荆门地区
湖北	十堰市	自然资源相同地区,也是文化相似区域	丹江口与汉江之间的自然联系,历史上大量南阳人流放到该地区	一般	自然、河流交界地区	丹江口市,荆紫关镇
河南	平顶山	共享山水与文化资源	非常广泛频繁	南襄走廊是重要物流通道	地理、文化相联	方城垭口

2. 要地资源:控制点

历史上战略要地的形成因素要么依赖山脉,要么依赖河流。而且这些战略性要地大多是从军事战略上来说的。从商贸区位上说,某些重要的物流枢纽和关键桥梁节点也能够成为地理上的富裕地区,从而成为商贸战略要地。一般来说,历史上的一些重要节点虽然都具有独特的区位价值,但是从整体效益来说,它并不一定有利于整体物流运转和社会的流动。因此,当一个国家由分散分割治理时代演化到一体化,或者进入和平年代时,这些传统上的通关险道往往因久离战火而逐渐被湮没,其区位价值也随着时代演变而逐渐消失。

人类历史上重要的关隘往往作为一种重要的历史文化遗产被得以保留,从而为后代开发提供了巨大空间。在表 2-3 中的四种联系

A11,A12,A13,A14 分别代表资源联系、历史联系、经济联系和边界联系,它们都是文化遗产类型。其中的边界联系是指通道、自然地理或冲突边界等。显然,在与陕西联系中,荆紫关节点是战争见证地也是物流枢纽,并因此带来各种文化的交融。在与平顶山联结的方城界口通道处,留下了大量的军事遗迹和人文历史信息。

四、工程为南阳发展带来的新机遇

工程成为南阳转变经济社会发展方式、推进高质量发展的关口事件,为南阳实现跨越式发展带来了新机遇。

(一)经济效应

除工程建设所带来的投资、就业及生活服务需求外,工程还有力推动了南阳经济结构转型升级。

1. 农业基础设施不断完善,结构调整成效显著

南阳在续建宋岗电灌区和引丹自流灌区的基础上,计划新建唐桐灌区和唐东灌区,每年可增加引水量 13 亿立方米,新增有效灌溉面积 401.64 万亩(1 亩=666.67 平方米),占全市耕地面积的 31%,有效灌溉面积将增加至 76%。农业产业结构调整成效显著。为确保水质,强化农业面源污染治理,优化种植结构调整,走生态化发展之路成为必然选择。农业上,以高效生态、绿色有机为标准,除粮食作物外,重点发展软籽石榴、薄壳核桃、大樱桃、杏李、柑橘、黄金梨、金银花等的种植,打造出一批具有地方特色的有机农产品名优品牌。在巩固粮、油、菜、畜四大基础产业的同时,南阳因地制宜,大力发展菌、花、果、药"四特"经济,2020 年共种植月季 10 万亩、玉兰 24 万亩、栀子 5 万亩、猕猴桃 14.2 万亩、山茱萸 40 万亩,种植规模均居全省第一。全市共认证有机产品 204 个、绿色食品 142 个,农产品地理标志登记 12 个,绿色有机农产品生产基地达到 141 万亩。作为全国中药材主产区,南阳中药材种植面积达 185 万亩,年产值达 60 亿元。以"八大宛药"为代表的道地名优药材 30 余种,产量占全国的 20%以上,南阳成为全国著名的辛夷之乡、山茱萸之乡,艾产业市场份额占全国的 70% 以上。其中,淅川县软籽石榴、杏李、大樱桃等林果业规模已超过 30 万亩,香菇、茶树菇等食用菌 4 500 多万袋,丹参、迷迭等中药材 10 万余亩,优质花生、油菜等油料作物 30 万亩,大闸蟹养殖、有机蔬菜种植等规模逐渐扩大,实现了水质保护与经济效益的双赢,生态农业产业链条已逐步完善,综合产值达到百亿元。

2. 工业经济提质升级加速,绿色发展迈出坚实步伐

坚持以供给侧结构性改革为主线,把生态保护作为招商引资、企业发展的"铁门槛",秉持"天上不冒烟、地上不流污、最好零排放"的原则,改造提升传统产业,培育壮大新兴产业,向绿色发展迈出坚实步伐。拥有以河南福森为代表的规模以上中药企业 39 家,获得 GMP 认证的中药企业 13 家,飞龙汽车零部件、宛西制药、宛北水泥等 10 家企业被评为国家级绿色工厂,淅减、西排、金冠等 4 家企业入选省级绿色工厂,新能源装机达到 293.1 万千瓦,其中,光伏扶贫项目 58.3 万千瓦,共带动 8.4 万户受益。其中,淅川县大力打造总产值近百亿的汽车零部件制造产业集群、年产值 30 亿元的医药食品产业集群,以及新型建材相关产业,推动全县工业经济由粗放型向集约型转变。淅减公司的半主动减振器自动化生产线顺利下线,填补了我国半主动式减振器的智能装配线的空白。2020 年,全县实现规模以上工业总产值 103.4 亿元,营业收入 95.6 亿元,规模以上工业增加值 31.4 亿元,增速 4.6%,高新技术产业增加值 24.2 亿元,利税 9 亿元,实现了经济效益和环境保护双赢。

3. 服务业全面发展,竞争力不断提升

引水干渠在南阳境内形成一条平均宽约 135 米、长约 185 米的水上通道,工程源头成为南阳不可替代和复制的新符号,增强了南阳服务业的核心竞争力。其中,对旅游业的影响最大,有利于提高南阳市旅游资源品味和知名度,优化南阳旅游资源组合。随着工程水产业链的不断延伸,南阳旅游业将逐步形成饮水源头库区—引水干渠—南阳中心城区—方城旅游区的南北旅游轴线和宁西铁路联结的伏牛上—南阳中心城区—桐柏山的东西轴线山水人文相得益彰的旅游产品格局。近年来,南阳重点利用自然风光和特色历史文化,发展全域旅游,开发系列旅游产品,推动农旅、林旅、水旅融合发展,实现村庄变景区、田园变花园、民房变民宿、农副产品变旅游产品,使绿色红利持续释放,群众收入不断增加。其中,淅川县围绕建设"南水北调中线旅游观光带龙头"的目标,强力培育旅游精品,丹江大观苑景区打造沿江文化长廊、楚风楼等景点;香严寺景区建成豫西南最大的游客服务中心;坐禅谷、八仙洞等全面升级;驻马山、移民文化苑等蓬勃发展,以渠首—丹江—丹江大观苑—香严寺—坐禅谷—丹江小三峡为主的线路已成为省内精品旅游线路。除大力打造精品旅游项目外,淅川县还大力发展乡村旅游,深入挖掘乡村历史人文,打造特色村落;放大生态产业基地效应,把产业培育成特色景观;完善旅游配套设施,将乡村打造成特色景点,培育精品旅游村 36 个、农家乐和民宿 500 多家,3 万多名群众端上旅游"金饭碗"。丹江孔雀谷、龙泉乡村旅游度假村、京都果园、凤凰古寨、马蹬白渡滩……已经成为市民假日游玩打卡"圣地"。

(二) 生态效应

南阳作为工程核心水源地和渠首所在地,为保护工程"大水缸""水龙头",着眼保蓝天、增碧水、守净土,狠抓环境整治,坚决防污治污。南阳坚持精准治污、科学治污、依法治污,推进全域党建与污染防治攻坚战深度融合,创新实施"全域党建＋河长制"模式,凝聚各方治河力量,激发全域治水活力,全市保水质运行"五员"巡查人数达 8 286 人,在全省率先推出"塘长制",配备塘长、坑塘管理员 1.6 万名。"千村万塘"综合治理成为河南省四水同治工作亮点之一,成功入选全国 29 例基层治水经验。全力构建水源地绿色屏障。南阳树牢绿色政绩观、生态成本观、环境大局观,以打造绿色水源地为目标,着力打造伏牛山地生态区、桐柏山地生态区、平原生态涵养区和工程生态带、沿白河生态带、沿淮河生态保育带"三区三带"生态布局。以创建国家森林城市为契机,加快国土绿化步伐,大力开展自然保护区、湿地公园、城市绿地等建设工作,全域化推进生态建设。全市造林 361 万亩,汇水区造林 132 万亩,环丹江口库区造林 5.2 万亩,汇水区森林覆盖率达 55％以上。在库区和干渠沿线大力整治工业点源、农业面源、生活垃圾污染,完成 541 个村庄环境综合整治、20 余家工业点源污染治理。建成治污设施 300 余台(套),建设县城污水处理厂 8 座,建成乡镇污水处理设施 27 个、垃圾处理设施 30 个。开展 3 300 亩石漠化试点治理,累计完成 92 条小流域治理。其中,淅川县以每年 10 万亩的速度推进荒山造林,营造林合格面积连续 10 年位居河南省县级第一,森林覆盖率提高至 45.3％,在丹江口水库 2 000 余公里的库岸线上为工程核心水源区构筑起生态净水屏障。

(三) 文化效应

南阳是工程建设过程中文物保护工作任务最为繁重的地区,考古发掘项目和出土文物数量均接近整个工程总量的一半。南阳有多处旧石器遗址,如系列仰韶文化、屈奉岭文化和石家河文化环壕聚落及石家河古城址。石家河文化遗址见证了中国早期历史由聚落定居向"邦国"过渡的历史变迁。夏响铺鄂国墓地见证了南北文化在南阳交融会际。长岭、郭庄、徐家岭等一众墓地的发现,绘就了生动的楚国贵族生活场景。考古发现再次见证了南阳悠久的历史,进一步描绘了南阳的楚风汉韵。

自 2009 年 12 月 28 日 10 时工程总干渠渠首陶岔枢纽工程在九重镇陶岔村奠基至 2013 年南阳段完工,数十万移民和移民干部无私奉献,数十万建设工人日夜奋战,南阳有 141 人为工程建设献出宝贵生命。南阳人民舍小家顾大家、无私奉献的伟大精神再次照亮古老的南阳大地。丹江口大坝贴坡加高工程解决了新老混凝土关键技术,襄汉漕渠折戟方城垭口,而今一朝梦圆,攻克膨胀土"工程癌症",解决渠道滑坡问题,一个个工程难题的攻克进一步激发了南阳人民干事创业的热情和信心。

(四) 社会效用

南阳市水资源空间配置不断优化,供水安全进一步提高。工程在南阳市设 8 个分水口门,年分配水量 10.914 亿立方米,其中,农业用水 6 亿立方米,城镇生活用水 4.914 亿立方米。向中心城区——邓州、新野、镇平、唐河、社旗、方城 6 座县城和邓州赵集镇移民安置区的 17 座水厂供水,全市受益人口约 216 万人,中心城区受益人口约 93 万人。

以水为媒,区域协同发展程度不断加强,开放发展不断加深。工程不仅是水资源空间优化配置工程,更是沿线区域合作发展的桥梁。习近平总书记在 2021 年 5 月 13 日考察南阳市淅川县陶岔渠首枢纽工程时强调,吃水不忘挖井人,要继续加大对库区的支持帮扶。沿线受水区积极响应总书记号召,不断加强对水源区的发展帮扶,其中以京宛合作最为典型。先后签订《豫京战略合作框架协议》《全面深化京豫战略合作协议》《北京市人民政府河南省人民政府战略合作协议(2020—2025 年)》《南阳市南水北调对口协作项目资金管理办法(试行)》《南阳市人民政府关于进一步加强南水北调对口协作工作的意见》等系列合作保障制度。北京市西城区、朝阳区、顺义区、延庆区与南阳水源区邓州市、淅川县、西峡县、内乡县分别建立结对区县,在生态保护、精准扶贫、经贸交流、公共服务能力提升等领域展开深度合作。合作形式也从干部交流、交流互访、项目转移、技术培训、智力支持向合作共赢深化。多层次、多领域、多形式的京宛协同发展模式逐步形成。南阳成功举办了"楚风汉韵—南水北调中线渠首水源地南阳文物展""京津冀豫媒体中原行""北京农业嘉年华—南阳特色农产品推介展示""京津冀旅游产业投融资""首都国企开放日·走进南阳""献礼建党一百周年——南水北调对口协作优秀成果展"等系列交流活动。在农业、教育、医疗、养老等多个领域开展项目合作。与首农集团加强农业合作,南阳市 18 个品类、239 个特色扶贫产业产品在首农集团双创中心常年常态化展销。淅川县库区养殖场环境修复治理,西峡县淇河水生态修复工程,首创集团对南阳水源地乡镇污水垃圾处理设施进行托管运营,建设南水北调汇水区生活垃圾焚烧发电项目等一批保水质项目,淅川软籽石榴、邓州国家小麦育种、西峡猕猴桃基地、西峡县食用菌科研中心、内乡县中以现代农业科技创新合作示范园、樱桃试验示范基地项目、菊花试验示范基地建设、熊蜂授粉项目等农业提质升级项目,中关村南阳科技产业园、中关村 e 谷、产业投资基金、创业大街、中青旅合作开发建设卧龙岗文化产业园等 30 多个南阳经济发展战略支撑项目,光大集团养老产业项目、北控集团投资建设南阳中心城区供水事业项目、淅川县思源学校建设、西峡县中医院改扩建等一批强民生补短板项目落户南阳。这一切有力推动了南阳省域副中心城市建设。同时,南阳与各地的智力交流不断深化。"北京市委党校厅级干部主体班现场教学基地"在南水北调干部学院落地实施;"北京院士专家南阳行"已成为京宛智力交流品牌;培训"高精尖"人才 1 000 多人,合作举办各类培训超百期,交流培训各类专业技术人员超万人次;与北京林业大学、北京农学院等九所农林高校签订战略合作协议,在农业人才培养、农业技术研发等方面开展合作;与北京理工大学、中关村光电产业协会以及北京思创科技公司等高端光电产业实现资源合作,建立北京理工大学光谱实验室南阳研发与转化基地,打造"京宛光电产业产教融合创新联盟";南阳经济社会发展的造血功能不断提升。随着中国人民大学与南阳共建南水北调高质量发展战略研究院的实施,在人才培养、战略决策咨询和教育科研等领域全面深化合作,标志着京宛合作从对口支援向合作双赢转变,合作前景更加广阔、合作潜力进一步提升。

第三章 工程与南阳地区联结理论分析

上文已述及,工程对南阳地区的发展存在着多方面的影响和联结。本章拟进一步加强工程与南阳地区联结的理论分析,在形式化定义工程与南阳联结关系的基础上,分析工程与南阳的合作模式,并系统归纳工程与南阳的联结节点。

工程分为三个规划段:①南阳段。即水源区的淅川县和西峡县,主干渠南阳段的渠首段、南阳市区和方城县。②郑州段。即以现代城市和产业高度聚集地带的省会城市为基点。③安阳段。安阳是自然资源、人文资源高度富集地带,又是工程的跨省边界地区。以上三个地带具有非常典型的区域特征,是工程比较特殊的地段。

其中,南阳是水冲突的最集中地区。虽然郑州是未来河南省与工程合作的首善地区,加之郑州是政治、经济、文化和物流中心,因此郑州将存在多维的竞争冲突。安阳属于河南的渠尾,且是文化资源最富聚地区。由于研究力量限制,加之试点不宜过于扩大范围,我们首选南阳市作为本次规划的试点市。南阳入选试点规划市的原因包括:

(1)南阳是库区、水源区、跨境水汇集区,它关系到工程源头水安全问题,也是未来水冲突最为集中地区。水冲突最激烈的淅川县是淹没面积最大和移民人数最多地区,自丹江口水库修建以来,淅川县农田、工业用地和重要城镇大多被淹没,因此,土地稀缺将导致未来空间竞争激烈。

(2)区域响应,水库加高到172米后,库区成为资源富聚地,潜在进入压力非常大。

（3）南阳干渠总长度 187 千米,沿途经过南阳盆地。南阳地形分为高山、低山丘陵和盆地,是河南人口较多、密度较大的城市。

（4）工程布局一旦完成,将在技术、经济和社会意义上成为不可移动和不可更改的工程。如果初期缺乏规划整理,那么后期空间布局将严格受制于工程约束。而工程周围许多自然景观、人文资源未来布局将面临非常不利的压力。

（5）南阳是工程的渠首和水源地,因此,它兼有两种区域冲突类型。这在整个工程中,是独一无二的,也是工程权重中最为关键的地区。由于水环境治理必须从源头治理开始,而南阳在水源区,保护水源必然带来机会损失,但如果存在潜在主题联结从而产生激励相容结果,那么工程冲突又可以得到缓解。

一、工程与南阳地区开发设计的联结分析

工程虽然是一个输水工程,但应将工程与区域视作无边界利益主体,使区域和工程充分一体化而不是相互独立。然后,在相互开放系统中寻找它们之间的可能互动关系和联结潜力,并设计相应的联结机制,从而达到目标激励相容总体收益最大、区域及工程收益最大、项目或企业收益最大目标。

这里的相互开放,是指工程本身所拥有的资源和风险完全向区域开放,而区域所有拥有的资源和风险也完全向工程开放。这里所说的资源包括自然、经济、景观和文化等各类资源,风险包括水环境和水安全等方面。开放的目的是打破现有边界,然后按照主题目标进行重新开发设计,最终将主题链接为统一的地理空间协同绩效和管理系统,并进行集中表达。下面首先对工程系统及主体进行分析界定。

（一）工程系统及主体的定义

根据理论模型,假如工程是一个系统或行为主体(A)。如果它打破工程边界,按照风险点、项目、资源、理性参与人等进行关系细分,可以分为不同的子系统从而寻找到可以进行与区域缝合的节点群。公式分析

如下：

$$A = \{A_1, A_2, \cdots, A_n\}$$，其中 $A_1, A_2, \cdots, A_n$ 都是其主体的节点群

(二) 区域及近邻主体节点定义

假如定义南阳市为 B，它同样可以细分为各类子系统，如按照行政区域进行划分，按照产业分类进行划分，按照资源进行分类等。分类完成后将产生各类联结节点：①物理联结节点，如地理上的近邻区域，可以将其看作是一个总体参与人，然后按照接触点、关键点、项目、资源和参与主体人等进行细分，使之成为可以与工程缝合的节点群。②拓扑联结节点，如资本、管理关系和社会关系等，它们不需要直接的联结但可以通过各种关系对南水北调产生影响。公式如：

$$B = \{B_1, B_2, \cdots, B_n\}$$

这里需要特别注意的是拓扑联结节点。这类节点明显不受当地物理系统和行政系统等约束，它可以因某种关系而突破原来的边界，在更大范围内建立关系。

(三) 节点关系定义

工程内部、区域内部、工程与区域之间都可能通过多种途径产生相互性。这种相互性既是合作的源泉，又是冲突的源泉。寻找它们可能的关联路径和途径，从而对可能的联结窗口进行资源化审计，并按照项目合作方式进行连接。一般来说，工程与区域之间存在以下几种潜在关系路径：①自然路径。即通过自然之间的关系属性而产生的可能关联路径。②经济路径。即双方因经济利益、产业关联所带来的潜在合作或者竞争性关系。水资源分配将存在类似的潜在冲突，如上游开发的水电资源可能影响下游河流生态，从而使环境价值受到影响。南阳黄牛产业开发还可能扩展到整个河南和河北地区。③社会路径。即双边社会性微观互动之间产生的管理关系，这种关系既可能是实质上的物理关系，又可能是拓扑关系。④管理路径。该关系接触点公式

如下：

$$\Omega = AB^T = \{A_1, A_2, \cdots, A_n\}\{B_1, B_2, \cdots, B_n\}$$

$$= \left\{ \begin{matrix} A_{11}B_1 & \cdots & A_{1m}B_m \\ \vdots & \ddots & \vdots \\ A_{n1}B_1 & \cdots & A_{nm1}B_m \end{matrix} \right\}$$

上式中的物理或经济意义是：区域和工程通过资源、物理或经济联结而产生的空间关系。区域与工程联结节点关系定义表，如表3-1所示。

表3-1　区域与工程联结节点关系定义表

路径	关系定义
1. 自然路径	所有自然地理、物理、化学和生物关系的集合，区域和工程之间因这些关系而产生自然的联结，产生相互外部性、关联和非排他性
(1) 大气循环物理机制	主要是大气污染，也包括垃圾漂浮给工程带来的问题
(2) 生物机制	生物的生态环境在南阳许多县具有一致性。这是南阳主题开发的基础，这一基础可以扩展到湖北和陕西商洛地区
(3) 河流动力机制	河流动力导致水源区风险非排他性，尤其是上游行为对下流的影响更加明显
(4) 地形边界	地理地形边界是区域外部性外溢的主要通道，也是商贸和社会往来的通道，也是人文形成的重要地理条件
2. 经济路径	双方通过投资、商品贸易和人力资源流动等关系建立的路径，也可能是产业组织内部的跨区域行为
(1) 产权与排他性	如果非排他，那么它就具有共享性并因而具有公共产品或公共资源的特征。如果是私人产品，只能通过谈判或交易来建立经济关系
(2) 厂商路径	厂商通过合同、管理关系建立起的互动关系，其关系特征依赖于一体化程度
(3) 交易路径	厂商通过直接的产品、要素或其他方式的交易而建立的关系

(续表)

路径	关系定义
3. 社会路径	通过人口空间布局和社会网络动力学等方面所体现出来的特殊互动路径
(1) 社会往来	人口自然流动和相互往来,婚姻、交易和朋友等网络关系建立的联系机制
(2) 人居模式	是否联通、是否均匀、是否同质文化等的人居模式会使工程关系复杂化,如镇平就有大量的被工程隔离的村落需要重建道路联结系统
(3) 文化区与习俗	决定了双方的交往水平和频率,它不受行政区限制,如淅川和郧县(湖北省)之间,方城和平顶山之间
4. 管理路径	因行政管理、区域管理和企业内部管理等而建立起来的科层制管理关系
(1) 行政管理关系	通过行政科层组织产生的交流和管理关系系统
(2) 厂商产业组织	通过厂商一体化过程所定义的各类管理关系,它往往会突破行政区域限制而产生复杂的管理关系
(3) 区位区域关系	因行政功能区划而产生的特殊管理关系
(4) 管理合同	工程所产生的特殊治理机制,是工程与区域、企业厂商及社会主体之间通过合同机制所建立的管理关系

(四) 网络动力学机制

当各类主体节点按照某种关联进行联结后,就形成了工程和区域之间的统一系统,用 $G(N,E)$ 来表示,其中的 N 代表各类行为主体,E 代表各类主体之间的关系。网络结构具有以下几个特征:①关系,是指它们之间的物理关系、经济关系、社会关系和管理关系等。其中,物理关系包括生物流动、大气循环和水循环关系等。②直接关系,是指其中具有直接联系的经济和社会关系,在网络中是指双方仅仅一步通达的关系。③间接路径,是指通过一级节点并循着不同路径向外不断传播影响,并最终可能扩散到整体的节点。④关系性质与动力学机制,是指当网络联通后,最终会通过不断的循环传播途径,形成非常复杂的网络动力学机制。

（五）资源联结关键点与市场窗口审计

在资源进行联结后，究竟在何时何地以何种主题和项目进行承载和表达，需要寻找联结窗口并进行窗口审计规划。所谓窗口审计，是指对合作主题进行项目化可行性分析，对双方合作的潜力和风险（或冲突）进行审计。审计要素包括责任审计、成本审计、收益审计和风险审计等多个方面，同时也需要特别注意风险和收益的跨期分配。

（1）项目化审计。即项目可行性分析。由于不是所有的资源或区域都能够产生有效的联结并项目化，因此，需要寻找到能够产生正或负现金流的边界和关键点，并在双方建立清晰的项目边界，从而使这种潜在收益机会和风险能够被识别，然后转化为能够为投资者、消费者所识别的投资工具和消费产品。

（2）资源合作潜力审计。对于潜在项目，需要先分析各个联结点和窗口间关系，并对这种关系进行行为审计。审计主要是判断它们之间的关系类型，即独立不相关、正强化（或正相关）和冲突（或负相关）关系等。对于那些不相关者之间的关键点，应该放弃联结。当存在负相关或冲突关系时，转入风险管理审计。

（3）资源冲突风险或负相关性审计。如果资源之间仅仅维持简单的收益或风险关系，可以通过窗口审计系统简单地进行接受或拒绝决策。但是，一般来说，区域与区域之间、区域与工程之间，甚至是工程各环节之间都同时并存两种关系，即相互存在正相关和正外溢，也存在负外溢和风险互作关系。如果工程与区域之间既存在潜在收益又存在风险，那么应仔细识别可能的风险因素，并在防范风险基础上追求收益关系。

（六）南水北调与南阳地区合作模式

在分析了一般的联结模式后，正式转入试点区的"区域-工程"合作联结关系。为了截取南阳段的区域-工程合作关系，首先定义工程主体符号为 $A=\{A1, A2\}$，与工程之间存在物理、地理或拓扑（经济、社会、管理等关系)关系的近邻区域主体为 $B=\{B1, B2\}$。其中,$A1$ 代表在南阳地区内的工程,南阳是该主体的关联区域主体;$A2$ 代表陕西商洛地区和湖北丹江口市。它们之间的关系为:南阳与陕西是自然地理关联区、水源关联区、客流关联区和人文资源关联区,而与湖北之间既是文化关联区,又是自然地理及自然资源关联区,与平顶山是文化关联区、工程关联区和资源风险关联区。这些关联关系形成了它们之间的交集 $A_1\bigcap A_2$,收益、成本、风险与合作在此产生。$B1$ 为南阳市行政区域;$B2$ 为平顶山、湖北、陕西商洛地区。

为了寻找关键交集点,对以上符号再进行细分。首先,将 $A1$ 细分为 $A1=\{A11, A12, A13, A14\}$,它分别代表双方因交集而产生的窗口与关键点。例如,$A11$ 是工程环境和自然景观等自然资源点;$A12$ 为土地和产业等经济资源点;$A13$ 为所有人文资源集合。

同样,对近邻区域细分为 $B1=\{B11, B12, B13, B14\}$,它代表近邻区域所关联的节点地区,它可作为二级节点(借助南阳节点),或作为拓扑节点(如通过资本纽带,当然也是二级节点)来处理。

表 3-2 中的所有元素代表工程与南阳地区之间的合作关系集合。区域与工程之间的合作是多方面的,再进行细分,从而得到具体的分类合作单元,如南阳与工程之间的品牌合作,工程与南阳各类关联企业之间的合作,工程与南阳政府或各级政府之间的合作,工程与区域之间的资源合作,风险管理合作等,如表 3-3 所示。

表 3-2 工程与南阳区合作关系集合

区域 工程		B1(南阳市)			B2(平顶山、湖北、陕西商洛)			
		B11	B12	B13	B14	B21	B22	B23	B24
A1(南阳市)	A11								
	A12		区内资源联结				区际资源联结		
	A13								
	A14								

(续表)

区域　工程		B1(南阳市)				B2(平顶山、湖北、陕西商洛)			
		B11	B12	B13	B14	B21	B22	B23	B24
A2(平顶山,陕西,丹江口市)	A21								
	A22		区际资源联结				区际资源联结		
	A23								
	A24								

表3-3　工程与城区合作方式汇集

1. 风险合作	2. 资源合作
(1) 分区风险合作	(1) 资源分区合作模式
(2) 工程-区域风险合作	(2) 工程-区域资源开发合作
(3) 工程-工程-区域-区域风险合作	(3) 工程-区域-区域资源合作
3. 项目合作	4. 品牌合作
(1) 分区项目合作	(1) 分区品牌合作
(2) 工程-区域项目合作	(2) 区域-工程-区域品牌合作
(3) 工程-工程-区域-区域项目合作	(3) 区域工程品牌合作与共享
5. 企业合作	6. 公共管理合作
(1) 分区产业或企业合作	(1) 基础设施合作
(2) 企业合作	(2) 科研合作
(3) 资本合作	(3) 公共合作

二、工程与南阳网络节点联结分析

在厘清了区域与工程关系后,再进行具体的关系定义。下文所说的网络节点,是指以下各类可被投资者、消费者和管理者识别的,边界或产权相对清晰且相对独立的,能够进入交易系统的商品、企业和项目等。

(一) 基础资源项目

我们建立分类项目目录,以便在进行区域与工程合作开发时,将其作为可行性论证或立项的基础。本次所选的项目包括生物资源类、自然景观类和人文资源类三类,其他没有被包含的可以在后续开发中陆续进行补充,以便建立完整的项目库。本项目只有目录,没有详细的论证。其原因,一是本项目范围所限制,二是项目库建设是动态过程,需要不断地在建设中进行完善和补充。

1. 生物资源类

生物资源类包括各类野生动物、植物栖息地保护,景观及特色农业商业开发,野生品种试验与开发,科普科研与教育基础建设等多个方面。我们选择了13类作为优先开发的产品,等正式开发后再进行完善和补充。生物资源主题表,如表3-4所示。

表3-4　生物资源主题表

资源类别	功能定义
野生生态基因保护园	科普、科研、资源保护、景观展示和选种等
野生生态资源开发园	科普、科研、资源保护、景观展示和选种等
生态示范与教育科普	休闲、公益教育和生态示范等功能
农耕文明园	文化保护、特色旅游商业开发、绿色或特色产品基地
河南南阳湿地公园	保护生物多样性、生态多样性、休闲娱乐和科普教育等
库区水生态园	景观开发、生物保护、娱乐休闲和商业特色产品开发等
野生浆果资源开发	野生资源开发、休闲娱乐和科普科研等
野生园林植物开发	各种绿化、经济作物开发,生态试验,选种和栽培试验等
园林培育与训化试验园林	各种绿化、经济作物开发,生态试验,选种和栽培试验等
沿线经济林培育	绿化、景观、商业开发、旅游消费和保护居民收益等
沿线生态旅游景观带	景观保护与增益和休闲娱乐等
南阳黄牛野放养基地	游牧、娱乐和商业开发等
野生蔬菜与食用植物园	特色农业与相关产品的规模化商业开发

2. 自然景观类

表3-5所列是已主题化的几个自然景观项目,有些项目已启动开发,但与工程并不相关,有些项目需要工程的带动。在已开发的项目中,荆紫关需要先对水源区保护项目进行整体规划,再立项论证。西峡

恐龙遗址园已得到开发,但等到工程进入旅游高峰状态时,其潜在价值将得到强化和释放。新增的景观类包括方城县气候公园、界口主题和南水北调景观群等,这些项目并不完整,也没有作深入分析。景观资源分类汇总,如表 3-5 所示。

表 3-5　景观资源分类汇总

景观项目	景观类型
丹江口水源区景观类	荆紫关
生态景观类	龙山风景区
方城县气候公园	西峡恐龙遗址园
伏牛山地质公园	北顶五朵山
淅川原始森林公园	伏牛大峡谷
淮河源景观类	云华蝙蝠洞
工程主体工程群景观	西峡灌河
工程近邻园林景观	白河湿地公园
人文博物馆群景观	老界岭
工程农业景观	桐柏山淮源风景名胜区
人类与自然互动景观	龙潭沟
中草药研究与种植园	石门湖
宝天曼自然保护区	丹江小三峡

3. 人文资源类

南阳市的人文资源异常丰富,可以追溯到远古的地质时代。目前,南阳市内有些人文资源按照项目开发方式进行了初步开发,但由于缺乏有效的现代主题开发和联结,这些潜在开发资源仍然处于碎片化阶段,无法形成有效的消费产品和主题。表 3-6 是对南阳市的一些重要景点资源的不完全列举,在后续的主题联结和开发过程中,在战略策划方案和顶层设计指导下,将对南阳市整体人文资源进行深度分析。如果资源跨越了南阳行政边界,还应该主动进行共享式开发合作,从而扩展人文网络和资源的价值。例如,"诸葛亮"人文资源品牌是襄阳与南阳共享品牌,它的品牌影响力一直延伸到四川成都和陕西汉中地区。作为楚国文化发源地,南阳与河南的平顶山、湖北的江汉平原和河南的信阳等地存在共享和关联。人文资源信息表,如表3-6所示。

表3-6　人文资源信息表

人文资源	人文资源
春秋南长城	张仲景与中医药
楚方城与建筑技术	张衡与科学
丹阳楚城	武侯祠
道教文化	灌河漂流等
汉画馆	南召县杏花山猿人遗址
河南内乡县衙,哪吒故里	汉议事台
南阳市博物馆	禹王城
南阳府衙	刘秀与阴丽华
博望坡遗址	商圣范蠡
菩提寺	宗祠姓氏:蓼
汉桑城	宗祠姓氏:曾
五道幢自然生态风景区	宗祠姓氏:申
泗洲塔	宗祠姓氏:谢
淅川香严寺	宗祠姓氏:吕
法海禅寺	宗祠姓氏:谢
山陕会馆	宗祠姓氏:都
陈胜韩愈	宗祠姓氏:许
岑参	宗祠姓氏:郦

(二)主题资源项目

1. 人文主题资源项目

主题资源是指按照某种分类、联结和组合原则,在特定的地理空间内将基础资源按照统一的主题进行分类、联结后,编撰组合成为系统化的综合区域资源,其联结方式也可以按照历史主题线索,将不同时空的人物、景观、资源、遗址、遗迹和非物质文化遗产等进行统一类聚。例如,将东汉的诸多人物和故事压缩成为东汉馆,将楚国春秋历史集中压缩到春秋馆,将南阳历史名人按照特别主题联结而形成南阳群英会,将南阳的所有历史遗迹通过历史遗园等展现。

在进行资源的主题分类时,需要说明的一点是,某一人物、故事和遗址遗迹等,可以同时出现在不同的主题公园中,从而使之既成为特定时间空间的节点,又使所有的主题和节点联结为文化网络。南阳在春秋时代、东汉时期,都因其特殊的人文背景和地理上的区位优势,与其他地区建立了非常广泛的人文互动线索,如张衡和张仲景的归葬地和出生地都在南阳,但他们一生的活动地远离南阳。这些资源为南阳与其他区域建立网络化合作机制提供了可贵的财富和人文互动线索。

2. 自然资源主题项目

南阳自然资源主题项目可以比照人文项目进行主题开发。例如,方城可以作为中国大地形势的边界项目开发;淅川水源区与水库一起进行景观资源主题开发;西峡和内乡可以针对伏牛山进行开发,且开发主题从地质时代开始。南阳自然资源的开发主题将在后续的专题研究中涉及。

3. 自然与人文联合开发

南阳资源组合非常特殊,它的人文资源与自然资源往往在同一区域内高度密集,特别是在淅川荆紫关一带和方城哑口地带。南阳盆地地区的资源更多地体现在人文资源和自然资源方面,并与周围地区有非常广泛的资源联结关系。因此,如果条件允许,南阳的资源主题开发过程应该在分类基础上,尽量建立多主题表达系统,从而使资源的多维价值得到全面体现。

(三) 公共工程与公共项目

与自然资源和人文资源相对应的是现代人工工程。这些人工工程既以基础设施的方式存在,为南阳其他资源提供外部性支撑,同时,本身也是一种资源类型。特别是工程,它本身借道南阳,同时自己也将成为南阳的重要景观和公共工程项目。南阳公共工程项目包含以下几大类：

（1）基础设施类项目，包括道路网布局、城市人居布局、通信及电力网络等基础设施布局。

（2）文化教育科研项目，包括历史人文科普教育、资源地理科普教育、人文专业教育、大众教育、公共宣传、专题宣传与策划、资源导游等系列。

（3）科研类项目，包括人文基础科研、人文资源科研、人文资源经济科研、人文市场科研、人文大众科研及人文管理科研等。

（4）试验示范项目，主要是针对工程沿线生物资源开发而展开的。由于工程区域尤其在水源区自然生物资源异常丰富，因此该类项目属于生物多样性资源产业化过程，可以带动区域良性发展。

在资源主题开发中，应该将人文资源、自然资源和现代公共工程及基础设施纳入统一规划之中，尽量减少这些资源之间的冲突，使开发主题得到和谐的表达。例如，鹤壁市利用工程对城市进行重新规划设计，使城市享受到工程景观收益，同时也使工程得到较安全的保护。

三、工程与南阳资源价值联结与市场方案评估

任何自然、经济资源只有纳入人类的认知和效用函数中，才能对其价值进行再发现并形成交易过程，才能使其潜在价值得到充分释放。由于需求规模和稀缺性是产生市场交易的根本条件，只有通过它向后传递到厂商生产函数，才能产生厂商供给，并通过厂商选择和响应过程逐渐传递到技术、科研等要素市场，最终形成完整的产业链。下文拟对工程与区域联结的资源价值进行分析。

（一）资源价值的重新评估

资源存在多源价值取向，这种价值既与资源本身的稀缺性相关，又与消费群的分化相关。过去的工程与南阳地区联结的资源评估，不仅没能体现资源的全部价值，也没有充分尊重消费者效用。本次

评估将全面启用新的评估模式,从而适应未来工程与区域之间的资源开发。

(二)资源价值维度

为了对南阳现有自然、人文资源的价值进行重新发现,拟从以下几个方面建立评估机制。对于水源区和干渠沿线的人文资源,更多地进行非使用价值评估。

(1)存在价值与情感价值评估。这在工程水源区显得特别重要,因为它一旦作为北方的饮用水源后,用水者将会对它赋予特殊的情感价值,这种价值往往是神圣不可侵犯的。作为饮用水,污染物或环境行为不仅影响水的饮用功能,还会引起人们的反感。

(2)功能与经济价值评估。这是从经济角度对资源的多维度价值认知和发现的过程。例如,野生生物在经济角度上往往低于人类种植植物,但是它所具有的食物、纤维、建筑、家具材料、工业原料和生态的价值往往非常大。

(3)社会资本价值评估。以植物社会资本价值为例,它创造了大量的休闲和特殊偏好群体,如鸟类协会、花类协会、植物类协会和科研类协会等。这些具有专业和特殊偏好的社会性小群体,借助这些纽带结成社会网络并以此作为互动的桥梁。该社会资本纽带不仅是地方性的,它也能跨越国际边界,从而成为国际合作与交流的重要联结。在我国签署了《生物多样性公约》后,国内外科学家就在保护生态系统多样性、物种多样性和遗传多样性三个方面开展了多方面合作,从而不仅使国家之间建立起科学纽带,而且还提升了地方区位地位和影响力。在多边合作过程中,往往同时涉及科研、宣传和教育,促进国际间的技术和资金方面的互惠互利。

(4)生态价值评估。这是从环境生态角度对资源的价值进行评估。动植物资源类的生态价值是比较常见的,但是在进行生态价值评估时还需要对其他有生态价值的资源进行评估。例如,古代遗址、深山寺庙等由于受传统文化和地方风俗影响,都会得到保护,与其相关的自然资源也能得到保护,这一类资源就具有生态价值。我国自参加2009年哥本哈根全球气候会议以来,对环境保护、生态发展越来越重视,资源的生态价值在这种社会大背景中也会变得越来越重要。

(5)美学价值评估。许多生态系统都具有美学价值,森林、草原、湿地、高山、高原和荒漠都各具独特的魅力,形成各自不同的风光,是有益的旅游资源。许多生物资源具有令人陶醉的美学欣赏价值。我国特有的动物大熊猫、金丝猴和丹顶鹤等,特有的植物银杏、水松、银杉、金花茶和杜鹃等,都具有很高的美学价值,可以美化生活、陶冶情操,给人以美的享受。生物多样性还是文学艺术创作的基本素材,有许多文学艺术作品的魅力在于描绘和反映生物界的丰富多彩和勃勃生机。

(6)休闲娱乐与健康价值评估。资源能够带来休闲娱乐与健康价值。例如,方城垭口由于受地形因素的影响,夏天气候宜人且自然环境极好,能够建立避暑山庄和疗养院,这就体现了资源的休闲娱乐与健康价值。

(7)好奇、体验与参与价值评估。

(8)景观价值评估。这是要评估资源是否具有可供观赏性。水源区淹没涉及地带在未来将会形成一批特有的景观,如水平面观赏带、高出水面的山石都会具有景观价值。

(9)科研教学价值评估。工程启动对环境的要求较高,将会带来大片资源的开发与保护,在资源的开发与保护过程中会逐渐发展资源的科研教学价值。例如,生态功能区内许多生物资源就是生物资源科研与教学的最好工具。

(10)选择价值评估。从人文资源来看,许多国家在缺乏自然资源和智力资源的情况下,依靠人文资源仍然达到了高度发达阶段。

(三)价值衍生与市场识别

我们通过表3-7来表达自然资源和人文资源的价值衍生和市场识别。虽然该类价值不是立刻能被发现,但可以预期,它会在不断的开发过程中逐渐显现出来。如果存在足够的消费群,那么,厂商将自动进入,并为该类消费者提供衍生产品。不仅如此,任何两种及两种以上的资源都可以进行重新组合而衍生为其他的新型资源类型。价值衍生与市场识别,如表 3-7 所示。

表 3-7　价值衍生与市场识别

主题词	主题衍生与联想空间
南阳农业	休闲农业、健康农业、养老农业、清洁农业、生态农业、娱乐农业、人文农业、农耕文明遗产、农耕体验、食品饮食开发、旅游农业、景观农业、农耕展览馆与参与试验、农耕社会生活、农耕文化教育与认知、清洁生产与资源利用、农耕产业链、农家乐
畜牧资源	产业畜牧、游牧、娱乐、人文畜牧、加工业、创意产业和蜜源农业等
地质资源	科普教育、化石收藏、艺术地质、创意地质、动漫地质、旅游地质、休闲地质、矿产地质、地质博物馆
气候资源	气候贸易、气候公园、气候能源、气候休闲、气候资源农业、气候生物景观、气候植物与生态、夏季高山度假避暑
水资源与河流资源	河流漂流、水上休闲、水上养殖、特种特色生物、湿地生态、水景观、水贸易、水要素贸易、水生态开发
野生植物资源	生态景观带、野生生物基因库、生物训化实验、野生生物资源开发
山水资源	老年中心、度假中心、农耕参与、专业展览、艺术实习
关口资源	边关体验、历史博物、人文普及
人文资源	农耕文明系列、历史名人系列、各类专业朝圣活动(如医圣)、人文诗坛、人文讲坛、认祖归宗、历史演义、人文研讨会、人文科普、人文动漫产业、人文创意产业、人文服务业、人文三维仿真、道教文明、丝绸之路、故国考古、人文情境园、人文建筑业、人文习俗、人文景观(楚长城、缯关)、水人文、畜牧人文、科学人文、医疗人文、自然人文等

四、工程与南阳文化产业联结分析

文化产业是一种综合社会互动和文化认同系统的产业。在众多的文化参与者自我选择过程中,文化现象作为最终演化均衡的结果,具有内部激励相容性。文化主体和符号系统之间存在着强烈的内部相互支撑和相互激励作用,从而使之成为一种高度协同的自然网络系统。文化是一种特殊的市场行为,是对传统稀缺性所作的适应性配置方式。由于传统生存模式存在典型的地理空间隔离,这种地理空间隔离机制使得各自的稀缺性无法完全通过外部交换来加以解决。

现代社会人口具有流动性,因此,隔离机制被适当地消除。公共治理也将传统网络中的内部治理规则逐渐剥离出来,从而使传统社会网络的内部稳定性遭到破坏。现代市场经济又为其创造了流动期权和外部期权,因此,破坏了传统网络的外部稳定性。所有这些都是选择、流动和市场定价的结果。群体决策被个体理性取代。在这种条件下,传统网络中某些资源(人力资源、职位、价值观和符号系统等)配置的内部定价权丧失,从而在微观上瓦解了这一协同网络。南阳盆地本身具有非常厚重而古老的文化资源。工程为南阳文化产业的发展壮大提供了契机。但是,文化产业发展需要关注文化产业的复活条件、文化产业消费者、生产者及相关要素和关联市场等。

(一) 文化产业复活的条件

(1) 作为一种产业现象,文化产业能够可持续存在就必须有可持续的预期现金流支持。只要存在预期的现金流,就会激励投资者注入现金流(成本)来获得收益。因此,人文产业复活必须首先解决融资机制。

(2) 作为产业,它必须具有清晰、可识别的核心基础资源,依托该项资源所进行的产品和服务方案,是可供消费者消费和供应商投资的基础。因此,要想解决文化产业复活的融资机制,首先需要将公共资源转化为项目和私人化产品。

(3) 文化产业具有清晰的边界和相应的排他性。它不是公共产品,也不是公共资源,否则免费使用将使得厂商进入的动机完全消失。因此,转化为私人产品的核心就是建立排他性,重新分配资源的产权和收益。

(4) 文化产业复活必须将文化资源转化为能够被投资者和消费者所识别的交易工具,即转化为标准的产品或服务方案,使之能够进入市场并进行交易。

（5）要进行交易,还必须对消费者进行人为塑造。在经历了几十年的文化改造后,某些文化消费出现了一定程度上的断代现象。传统文化在缺乏继承后,很快就会消失。因此,要保证文化消费的可持续性,就必须采用特殊的方式对消费者偏好进行塑造,从而形成稳定、足够规模的消费需求来支撑文化市场。

（6）要培养消费偏好,就必须借助现代化的技术、教育和传播模式,也需要与文化产品形成相关的厂商和要素市场。如果生产者缺乏文化创意,消费者缺乏消费动力,或者双方不匹配,其结果是要么无法生产出来,要么生产出来无法完成交易。

（7）在文化消费的基础上,文化产业还必须与整个产业网络、社会网络相互融合,并在互动中不断相互强化。文化消费不是依靠个人能够支撑的,文化产业也不是依靠一两家厂商能够支撑的。

（8）设置主体激励相容机制。要想获得全体文化的产业消费和生产参与,就必须解决好各关联主体之间的激励相容,并最终通过群体选择过程实现自主选择均衡。当然,产业化本身就存在文化的自我激励功能。

（二）文化产业消费群政策

1. 消费群价值或认知培养

人的早期文化熏陶能够对后来的文化消费产生持续的影响,因此,应该让人们参与到文化活动中。

2. 消费者偏好塑造

文化既是一种群体选择性偏好,又具有个人的选择偏好特征。由于文化市场消费最终都是由消费者选择完成的,选择过程就体现了自我偏好。

3. 为消费者创造交易和选择条件

消费选择需要几个条件:一是产品可识别。二是选择信息充分。三是不存在质量和隐藏信息问题。四是交易成本足够低。南阳市和工程的消费市场也必须经历这一过程。

4. 提供消费者所需要的各类信息

消费者信息包括：①产品信息；②交易信息；③公共信息。产品信息可以通过多种渠道向市场发布，如户外广告、专业媒体和学术研讨等。政府也可以以公益广告或公共投资的形式向市场发布信息。

5. 对消费者实施有形或无形的消费激励方案

消费者消费会获得效用，人文消费的效用主要来源于人文消费服务和人文产品信息本身。人文消费如果与自然消费组合，并且作为政府的鼓励措施，那么它就可能自动对消费者产生激励。当然，消费快乐、个人品格显现、学习与参与等，都可以提高人们的消费欲望。

（三）文化产业生产者

文化产业生产者指能够培养并识别消费群特征，能够进行快速有效的资源动员，将潜在资源迅速转化为能够被消费者识别、交易和消费的产品和服务的主体集合。文化产业生产者的作用非常重要。它的核心功能包括三个方面：一是准确地识别和细分消费群。二是利用可行的技术将各类资源进行动员和整合，并转化为可行的产品和服务方案。三是通过信息和服务创造经济可行的消费过程。文化产业生产者集合包括以下几类：

（1）人文信息生产与服务商。这类文化生产者负责在历史人文碎片中解读和拼接出有意义和有价值的人文信息。这类生产者包括作家、考古专家和古文字专家等。

（2）文化服务与产品商。这类文化生产者负责对人文信息进行重新组合，并按照消费者需要转化为人文服务方案或产品。

（3）文化产品开发商。这类文化生产者专门提供资金、技术和创意方案，使文化产品承载更多的商业价值。

（4）专业化分工与关联生产者。这类文化生产者包括仿真、教育和广告等关联厂商。

（5）运输、通信、交通、营销、建筑和加工等厂商。这类文化生产者既有负责营销渠道建设的,也有解决消费空间问题的,从而为消费创造条件。

(四)文化产业要素与关联市场

人文市场除了消费者和最终产品服务商以外,一个更重要的市场需要引起足够的重视。这种市场就是文化要素市场,它包括文化土地市场、文化技术市场、文化技术创新和管理创新市场、企业家及管理者市场、人力资本市场、社会资本市场、文化产权及交易市场、文化金融市场等。

1. 文化融资与产权交易

在文化融资方面,目前的金融体系并没有特别的条款,而主要是体现在服务贸易方面,现有资产评估体系很难适应。在产权市场上,厂商进入和退出是极其普遍的问题。文化产权流动性将激励厂商进入,也能够方便厂商的退出。工程需要探索文化融资市场和文化产权市场。

2. 文化教育与人力资本

文化教育包括三个方面:一是针对人文消费的教育,它的功能在前面已经充分描述过;二是针对服务市场的教育和人力资本投资,特别是导游市场;三是针对产品方案的人力资本培养,即人文基础人才、技术人才和管理人才的培养。以上三个方面的市场培养都可以通过工程的论证和培训学院来完成,或由地方专业院校来完成。

3. 专业技术服务厂商

专业技术服务厂商主要包括人文科学方面的技术服务商(如考古学、古文字学、书法、绘画、史学、建筑和艺术等方面的技术服务商)、现代科学技术服务商(如仿真、三维动画、文物复原及其他交叉学科的服务商)、文化信息服务商(如营销、干渠建设和广告设计等服务厂商)和人文科研机构(如它提供基础科研并培养相关的科研人才等)。

(五)文化资源市场的集合表达

(1)时间顺序表达:即按照历史发生时间继起顺序,将所有历史线索进行合理组合表达。

(2)空间结构表达:即按照文化资源之间的物理关系和空间结构

关系,通过聚类模式进行有序表达。

（3）网络拓扑表达:即根据历史上的自然、社会和经济关系进行联结,将文化资源和现象跨时空地表达出来。

（4）主题表达:即按照特定的政治、经济等,将各种资源主题化,并通过特定主题来表达文化资源,从而使其价值得到显现和开发,并实现消费。

（5）产业链与网络表达:即将各类人文资源、自然资源和公共资源等进行统一规划,寻找其在产业链和产业网络中的定位,并在宏观结构中体现自我价值。

（六）文化资源公共政策

文化资源公共政策特征信息,如表3-8所示。

表 3-8　文化资源公共政策特征信息

公共教育	人文公共教育、专业化教育和人文大众科普教育等政策,配合消费偏好培养,并培养专业服务人才
公共科研	人文基础科研、人文资源科研和人文开发管理科研等,为人文开发提供足够基础支持和创意性
公共信息	各类干渠建设、政府公共信息宣传、标准和公益宣传,其路径包括各类媒体,如报纸、电视、互联网和会议等
公共资源	政府的税收减免、财政补贴、公共支出、采购、政府提供公共服务、政府担保、公债融资、土地、公共配套工程和人才资源计划等
产业政策	政府的人文产业规划、优先权、政府协调和政府的限制禁止政策等
消费政策	政府对人文消费采购、政府直接消费和政府对私人补贴等政策促进人文产业发展
融资政策	政府对私人企业的担保、政府直接融资、政府产权交易、政府贴息贷款和公共融资
公共服务	政府提供人文公共安全、人文医疗、私人营销和信息等
基础设施	水利工程、空间规划、道路、通讯和环境保护等

（七）文化资源功能激活

文化资源项目激活条件包括:①个别关键厂商或核心群恢复生命

活力。②服务厂商激活。③有持续的现金流注入,它或者来源于资本市场或者来源于政府注入。④持续的产品与服务产出。⑤有可预期的消费现金流。⑥公共服务功能。为保证文化产业的可持续性,必须使文化产业参与者预期收益大于预期成本支出,边际价值超过外部机会边际价值,即文化消费者所获得的边际效用大于文化市场价格;文化厂商获得的边际利润大于机会成本;文化教育和科研者能够得到有效激励;文化资本市场价值大于机会收益;文化社会收益大于公共机会成本。

文化产业参与者信息,如表3-9所示。

表3-9　文化产业参与者信息

主体激活	功能	目标群
关键厂商	人文产品及服务方案激活	深圳华侨城集团和影视公司
关键消费群	具有可持续潜力的消费群体	老年人、青少年和行政职业群
关键投资者	战略投资者、政府投资	地方投入或引进外资
关键技术	三维动画、文物创意	大学及科研机构、专业市场化服务厂商
关键服务商	信息服务	电视和互联网、游戏商

以上从开发设计、网络节点、资源价值、文化产业、系统缝合和一体化理论等不同维度分析了工程与南阳地区联结理论。

为进一步细化工程与南阳地区联结,后文从空间、产业和资源三个角度深入分析工程与区域的主题联结。方城县是工程在南阳地区的最后一站,方城界口工程在工程建设中具有重要的地理位置,因此,从空间视角选择方城与工程联结进行分析。在产业方面,由于水质保护是工程成败的关键,畜牧业是干渠沿线重要的污染源之一,畜牧业发展与工程可持续性之间的冲突比较突出,本研究选择畜牧业作为产业的切入点。在资源分析方面,南阳位于南北气候过渡带,生物资源丰富,同时作为楚汉文化和三国文化的发源地,文化资源十分厚重,本研究选择生物资源和文化资源作为资源联结的切入点。

五、工程与南阳联结的系统缝合与一体化理论分析

工程与南阳市区域之间目前还是两个独立的系统。按照规划目标,两个主体将在一体化规划下进行目标整合,使双方在独立主体前提下达到激励相容结果,双方都自动执行对方的目标。其步骤是:①在不考虑双方边界的条件下,按照区域和工程利益最大、成本和风险最小的目标系统地进行综合规划,使双边资源得到整合开发。②将资源全部主题化,然后按照主题开发模式,将人文资源、自然资源和公共资源转化为市场化的产业资源,并通过资源的市场化交换来实现工程和南阳的资源价值。③通过公司化治理和融资模式,对工程资源和南阳资源进行开发,按照合同化管理关系确定双方的分配关系,双方共享合作成果。④通过行政、合同等多种途径确定责任关系,分配未来工程区可能产生的潜在风险。

(一) 主题表达与系统功能激活

主题表达就是将资源进行综合打包后,将其转化为可行项目的过程。它涉及项目的产品方案、流程与布局、融资模式、经营方案、风险及环境评估、风险及环境处理方案等多个方面。它是以利益为纽带,通过良好的管理机制对工程和区域关系进行系统的缝合过程。实现了系统的主题表达和项目化后,法人主体、融资模式、管理主体和责任主体都得到确认,其内在激励体系将自动被激活。

(二) 主题-工程-区域的联合表达

工程与区域关系可以用联合协同表达来描述。在绩效方面,基础资源得到有效的开发,区域经济借助工程而受益。工程也因解决了与区位之间的发展冲突,不仅使自己在可持续发展中受益,还回避了许多潜在冲突。

通过经济利益的组织联结过程,工程对区域的管理关系也得到进一步加固,并能够覆盖到所有主体。工程与南阳市段工程、区域之间将

产生三种特殊的管理关系：①行政管理关系。②经济管理关系。③法律或监督管理关系。这三种关系相互强化,任何一个项目都达到了多重覆盖管理关系,项目与工程之间的联结关系不仅有人管,而且能够管理好。更重要的是,当三重管理关系得到真实执行时,工程运行将是一个自我执行的机制,从而不需要更多的管理投入。

（三）从微观表达到产业链产业网的表达（产业组织）

通过产业组织过程,工程所经过区域及工程本身的资源能够真正地融入产业网络体系。由于资源开发是从项目开发入手,它首先解决了现金流和识别问题。当基础项目边界确定后,通过产业交换和合理的产业链关系规划,使工程寻找到微观基点,它从项目上起步,逐渐扩展到整体产业链和产业网络,也使初期的资源绩效在产业链中进一步被放大。

（四）市场与公共管理的协同表达

由于工程与区域联结首先选择从微观主体和市场入手,这让工程与南阳市之间的关系不再因行政风险而变得不确定。南阳与工程之间通过市场纽带关系,已不再是独立不相关合作阶段,而是血肉相连。当这种新型关系的市场机制被激活后,各类主体内部的合同责任将产生相互牵制作用,而南阳市行政管理部门和工程管理部门也可以通过合同管理对市场进行直接或间接的干预。产业链内部的关联将激发南阳市政府主动参与,工程与南阳市政府可以通过调节市场关系来影响工程的风险水平和收益水平。

（五）人文资源-人文产业-人文社会

在人文资源到人文社会表达链中,如何恢复和再现人文社会情境是最困难的。所谓人文社会,是指通过文化遗产的保护和开发过程,使之在现代社会情境下再创或恢复传统社会情境下的文明自我存续能力。人文资源之所以成为遗产而失去自我更新和发展能力,就是因为其生存的产业背景和社会网络的崩溃和消失。我们从人文资源开发入手,重点恢复人文资源的产业网络和人文社会网络。当与人文产业相关的各类主体复活后,人文资源就会得到激励并在相互强化过程中,使人文资源的早期产业和社会情境在现代产业背景和人文背景下继续延续。创造与人文资源相容的消费群,塑造人文偏好,构建人文厂商和产业链,最终使失去的文明重现活力。

(六) 自然资源-资源产业化

自然资源同样需要自己的消费者和生产者。如果资源不能进入消费者效用函数,那么它的价值也将不存在。如果缺乏能够整合各类资源将自然资源转化为可供消费者识别、交易和消费的功能性产品,那么这种资源价值也无法得到实现。如果缺乏与自然资源相关的要素市场支持,如技术、信息和创意等,即使存在厂商和消费群,也难以使资源商品化。本次规划将同步深入技术、科研、金融和项目服务等多个领域,按产业链目标进行。因此,如果本次规划得以实现,自然资源产业化将是顺理成章的。

(七) 风险控制

(1) 以促进发展模式转换替代简单的风险补偿。工程将南阳市的发展目标包含在自己的风险目标中,通过支持南阳市的发展来促进其区域产业转型,使水源区和工程区不再是冲突关系。

(2) 以可持续性的产业合作代替临时性补贴。现在许多冲突合作都是借助于讨价还价来实现的,在许多水源区管理中要么通过移民,要么通过行政命令,要么通过其他方法来争取与对方合作。工程发展可持续性产业合作将双方产业进行利益捆绑,使双方走向持续合作道路。

(3) 以合同管理代替监督管理。对于大群体区域来说,目前的监督管理过多地依赖行政关系。

(4) 以激励相容的双边互利方式代替单边机制。工程管理强调工程本身的利益和风险,这与许多大型工程的解决方式是一致的。这种只强调行政和总体理性的方式停留在传统水平上。从许多群体性事件、极高的行政成本和频繁的讨价还价来看,需要新型的管理关系,这种关系的本质就是强调双边理性。

第四章 工程与南阳方城主题联结

南阳方城在工程穿越的区域中,具有特殊的地理和人文特征。

一、方城界口

(一) 方城界口的由来

方城界口由秦岭-伏牛山-桐柏山-大别山之间的地堑而来,由宽30千米、长15千米的南襄走廊构成。方城界口两边的山系是中国重要的地质、气候和植被等自然地理分界线,而方城界口则联通了这种自然地理分隔,从而使该地成为长江文明与黄河文明的通道。从人文意义上说,方城界口是华夏文明大融合的关键地带,因此也拥有自然、社会、经济和人文的"五界一口"之称。从战略地位上说,其地望当属楚国北控中原要道,历史上著名的楚"方城"就处于该界口及其附近。

正是因为方城在区域地理上的特殊地位,使得它不仅成为群雄割据时代的冲突前沿,也是一个化炼中华民族历史上南北纷争的文明大熔炉。但是,自从中华民族最终走向融合和一体化以后,方城所处的战略地位的重要性随之消失,导致方城逐渐被边缘化,至今它仍然是以农耕或农业为主导的经济类型,在河南属于欠发展地区。

(二) 工程穿越方城界口的原因

工程穿越方城界口是南阳向北发展的自然地理大势所决定的。南北经济在今天和未来的发展过程中,其物流与模式将始终受到地理因素的影响和制约。但是,正是工程取道界口,才有可能重新唤醒方城沉睡的历史,并在工程与这一自然文化遗产合作开发中重放异彩。它将来非常可能成为省会至南阳中间最具特色的新型城市,也将成为河南最具特色的区域和经济类型。

正是因为方城的特殊性和工程取道过路,我们才特别对该地区给予更多的关注。经过两次对方城地理的实地考察,我们初步筛选出未来工程与方城之间的合作发展主题,并选择方城界口(南襄走廊)作为该历史时空主题的表达地。该主题的核心特征就是界口资源,其他的人文主题、自然主题和产业主题等,都由此而得以衍生。

二、方城特征与主题识别

(一)自然地理界口主题特征

确定任何区域主题,首先要考察其最核心的基础资源价值特征。这些特征主要包括自然地理、空间区位、要素空间聚集模式和历史人文资源聚集程度等。正是这些资源主题相互作用,共同塑造了区域个性和禀赋优势。但是,当影响区域特征表达的因素过多时,就会因为主题分散而难以提取该区域的核心特征。因此,必须对区域资源的高维信息进行压缩,并利用特征提取技术,将之简化为几个相互独立的简单主题,然后才能进行主题化、项目化或产品化开发。由于各种因素之间存在直接或间接的因果联系,其相互作用程度、时间序列行为和差异性等,最终可以表达为要素综合权重。

在本次主题核心特征提取中,方城作为一级主题。方城主题的核心特征就是其自然地理的特殊性,即方城界口。虽然方城界口更多地表现为人文资源的丰富性,但这种人文资源恰好是以界口为主轴展开的。显然,界口或方城界口是方城的最核心特征。

首先,用符号 G 代表方城县的总体特征,该总体特征由各个自然地理、区位、要素空间聚集和历史人文等分主题构成,那么方城的各种或各类衍生子主题的表达系统为:

$$v(G) = v_1(G) + v_2(G) + v_3(G) + v_4(G)$$

其中,符号 $v_1(G)$ 代表方城的自然地理特征;$v_2(G)$ 代表方城的区位因素;$v_3(G)$ 代表各种因素、要素和资源在方城这一地理空间的聚集特征;$v_4(G)$ 代表方城县历史人文资源的聚集特征,这一特征与古代政治形势、军事地理和人文互动网络相关。由于所有其他区域衍生特征的形成都与方城界口主题相关,可以说方城界口文化压缩了所有历史时间序列内的次生主题信息。为了描述方城界口的地位,将方城界口作为一个"摆动"参与人进行处理,那么界口的地位便逐渐显现出来。具体公式如下:

$$v(G/A) = v_1(G/A),\ v_2(G/A),\ v_3(G/A),\ v_4(G/A)$$
$$= v_1(G/A) + v_2(G/A) + v_3(G/A) + v_4(G/A) +$$
$$v_{12}(G/A) + v_{13}(G/A) + v_{23}(G/A) + v_{123}(G/A)$$
$$v(A) = v(G) - v(G/A)$$
$$v_1(A) + v_2(A) + v_3(A) + v_4(A)$$
$$v_{12}(A) + v_{13}(A) + v_{23}(A) + v_{14}(A) + v_{123}(A) + v_{134}(A) + v_{234}(A)$$
$$+ v_{14}(A) + v_{12}(A) + v_{13}(A) + v_{23}(A) + v_{1234}(A)$$

例如,当从军事地位来分析方城界口时,意味着如果没有方城这一地理关口,那么与此相关的所有符号系统都将不存在,而一旦有了方城,那么其他主题才能成立:

$$v_1(A) = 1$$
$$v_2(A) = 1$$
$$v_3(A) = 1$$

如果对方城界口地理地位进行赋值的话,那么由于它处于南北两大地理单元的桥梁地位,它所得到的地理区位分数为 5 分,其他地区则只能得到 2.5 分。

(二)界口地理形势

从自然地理方面来进行定义,方城确实是中国最具特色的,有如此多的地理特征在如此狭小的地理空间范围内聚集这在中国实属罕见。这种地理形势可以简单概括为"五界一口"。

（1）气候分界。方城是中国亚热带与暖温带的气候分界地带。

（2）分水岭。方城是中国长江流域与黄淮流域的分水岭。秦岭和大别山是中国两大流域的分水岭，山阳的自然降水通过径流汇入长江的最大支流汉江后，最终在湖北武汉汇入长江水系。而山阴的自然降水则全面汇入黄淮水系。方城处于这一分水岭地位决定了它重要的自然地理区位。

（3）南襄走廊。从南阳经过方城界口到襄阳的走廊地带，是历史上重要的人流通道和物流通道，因而被称为南襄走廊。由于两大山脉阻隔了长江流域和中原的交流，南（阳）襄（阳）走廊正处于沟通长江与黄淮平原的地理分界线上，方城界口自然成为联通两大地理单元的通道，才在历史上获得了南襄走廊的战略地位。

（4）地质分界。方城界口是伏牛山与桐柏山脉之间的分野地，错落有致，形成了界口地形。

（5）华北地台与秦岭地槽的分界线。方城界口通过特殊的地质造山活动，塑造了该分带地区典型不同的南北地质结构。地质活动影响山形地势，也影响到气候和水文，更影响到土壤状态，因此，地质因素是影响该地资源特征的最核心因素。

（6）"一口"是指约 30 千米长的山口地带，即方城界口，其纵向长度约 15 千米，历史上称为南襄走廊。由于它北控中原，南通江汉平原，因此，它在历史上成为著名的九大隘口之一的方城隘口。在诸侯纷争的时代，缯国曾在此据关守险，后来楚国灭缯国，并在此修建方城，因此是先有缯关之险后有方城之隘。

（三）方城的人文演变

华夏文明的演化过程与两个重要的自然因素相关：①地理形胜，即一些重要的山形险要控关地势，它往往成为国家边界线，该地带也因此成为双方推峰交战之地。一般来说，历史上重要的天险地形地势，都留下大量的人文故事,也留下大量的人文遗迹并成为人文遗产。②大江大河。这可能与任何文化演化地一样,它们往往都沿着大江大河分布,并依此向周边地区扩展迁移。由于河流的联通性较强,共享同一河流的各流域之间的文化会逐渐趋于同质化,而不同流域之间往往会出现文化的地区性积累从而逐渐出现文化差异化。这一过程与生物演化过程具有某种相似性。由于地理隔离,从而使该单元内部的文化主体在相对地理隔离阶段出现变异,这种分化的变异不断积累和扩展,从而使两个地理单元之间出现巨大差异。当这种差异扩展到一定阶段后,双方可能会出现生态空间上的竞争和冲突,从而出现一种巨大的融合力量。由于不断地存在冲突,使双方互相学习、交往和信息交流,逐渐走向融合,并使双方产生互利互补和一体化,巨大的差异性反而使其相得益彰。

方城的人文演变起源于远古时代的地质演化过程。约 3 亿年前,在华北地台(燕山运动)、扬子地台和秦岭地槽的大地相互作用过程中,塑造了今天方城的特征地理骨架,人文现象据此开始衍生。由于地处淮河之源、秦岭之末,方城承上游的文化浸祉,启下游的文明。

方城具有非常典型的源文化特征。这种源文化特征具体表现在以下几个方面:①它是历史上楚国及楚文化的发源地之一,自从楚国拥有了方城地望后,才逐渐开始东侵北上,为楚国的强大奠定了地形地势基础。②方城附近地理区域是许多姓氏的起源地之一,如缯姓、姜姓等,这些姓氏由此向外远播而使其与世界建立了特殊的纽带关系。③方城与桐柏山脉相联,因此它是淮河源头之一。④方城曾经是漕渠运输的首端,通过它可以将南方物产顺利输入中原地区。⑤方城是沟通西域的首地。古代遗迹和遗址显示,方城也曾是丝绸之路的发源地之一。显然,方城之所以成为众流之渐,与其特殊的地理形胜具有高度相关性,地理分界处是多源文化汇集的过渡地带,成为某些文化的形成地。

三、工程与方城的分级主题联结

方城既有丰富的自然资源,又有地理形胜资源,还存在众多的人文资源。南水北调穿越方城并经过界口北上,选择此地作为主题的承载地,让被湮没的历史纽带再获新的生命力。为此,选择以下几个主题来进行联结。

（一）一级联结：工程与方城县

工程管理部门与方城县分属两个行政主体,可以视作两个经济利益主体,也可以视作两个独立的法人单位,还可以视作直接或间接的行政上下级单位。它们双方的联结首先是行政主体之间的联结,在多种利益平衡下来确定和明确双方的利益,最终产生既有合作又有监管的特殊合作主体。工程将与方城就未来的开发和保护建立三层关系。

1. 行政主体合作关系

行政主体合作关系,即将工程看作河南省级直属的行政管理部门,将南阳市看作区域行政管理部门,方城属于南阳的县级单位,工程行政权力,通过南阳市对方城进行行政管理,从而就工程目标形成新的行政关系联结。

2. 经济合作关系

经济合作关系即从经济利益角度出发,在工程和方城县之间展开直接的经济合作关系。这种合作关系又称工程与方城县之间的干渠合同管理关系。这种关系的目标是在行政主体之间建立第二层约束和激励合同,用经济杠杆来调节双方的行为,引导双方激励相容的行为模式,使方城自动执行工程目标。

3. 监管关系

监管关系即工程部门和方城县之间纵向的监督管理,其中工程管理部门是监督方,方城是被监督管理的主体。该模式的操作方式是:工程管理部门对方城的沿干渠环境行为、污染物排放行为、能源利用行为、开发模式、空间布局和产业行为等,直接纵向进行管理,也可以委托或通过合同方式引导方城县的各职能部门（水利、林业、农业、畜牧、环境保护、质量监督、旅游等），合作管理。

（二）二级联结：主题联结

二级主题联结即工程与方城县的具体联结。这主要是在气候资源、地形资源、地理资源、生物资源和文化资源等方面进行扩展，并将之与工程资源进行联合。方城资源主题，如表4-1所示。

表 4-1 方城资源主题

项目	气候资源	地形资源	地理形胜	生物资源	文化资源
气候资源	气候公园	休养疗养	古关与古城遗址	游牧景观气候景观	南襄历史人文与气候
地形资源		花岗岩裸露景观	古遗址公园		
地理形胜			缯关与方城		古关口文化
生物资源				南阳牛与山羊	
文化资源					关口文化
人工工程	南水北调公园群	景观组合群	景观群、长城、缯关与工程结合		博物馆群

1. 气候资源主题

方城界口存在长年下沉的气流，形成了著名的方城风口。在秋冬季节，该风口的风流可以将南阳市的污染物带出盆地，防止城市大气污染物在南阳盆地的积滞，使南阳成为空气清新之地。在夏季，清凉的气候使方城界口成为难得的休闲避暑之地。

由于长年稳定的风流，目前方城县已利用该地风力建立了风力发电站。在工程完成后，需要对该地的气候资源价值和利用方式进行重新评估，在组合开发和资源整合开发方面，进一步挖掘方城界口气候资源的其他价值。一个初步方案就是放弃风力发电，开发气候贸易，将方城界口开发为河南的第一个气候公园。该公园主要用来作为河南省夏季的避暑休闲地,而不仅仅将其看作是风能进行开发。该公园将与工程主题、自然地理主题、地形地势主题、山水景观主题和人文主题等一起进行综合开发,使之成为附加值更高的自然观光和文化观光带。

2. 地形与地理形胜资源主题

该地由于大气环流形势原因,干旱少雨,形成独特的低山草甸植被类型和裸露的岩石景观,其气候特征在夏天接近于甘肃地区,极适合于开辟为游牧休闲公园,并与凉爽的气候资源一起进行整体的景观开发。

3. 生物资源主题

南阳方城背靠伏牛山脉,前依桐柏山脉。这使得方城界口出现特殊的过度性和特异性生物资源类型组合。这种生物地理组合在中原地区非常罕见,它可以成为南阳生态多样性展馆的一部分。草甸植物类型、季风气候和低山丘陵等的组合,可以与南阳畜牧资源一起开发,形成景观畜牧农业地带。

4. 文化资源主题

方城是南阳的门户,也是工程进入中原的走廊门户地带。它跨越历史时空和地质时空,拥有既古老又连续的历史故事,并留下了大量原真性历史遗迹。方城文化资源的丰富性,加之与地理形势的特殊性相配合,决定了该地的特殊区位价值,它可以作为工程进入南阳市的首站宣讲地,向进入南阳的客人宣讲历史人文,游历整个南阳。

(三) 三级联结:项目群布局

工程与方城资源进行组合开发,使界口资源在工程的带动与管理下,能够再造其历史辉煌。其具体景观群布局模式为:

(1) 工程主干渠景观带。该景观既是界口的新增资源,又是被保护对象。

(2) 保护带。在界口周围并行开辟经营业和展览业,用于各种展览并适当有控制地引入经营主体,尤其是文化、环境、创意和广告等经营主体。

（3）通道与走廊。在界口处，建立横跨干渠的大型景观观光走廊，该走廊既是物流通道、又是人流通道，也可以作为野生动物通道。

（4）楚方城。楚方城紧紧依托干渠两边的自然山势建立，通过走廊联通。方城内部开辟楚文化博物馆和中原文化博物馆。

（5）缯关与楚长城。在干渠两边，依自然山势绵绵延伸建立南长城，将早期的缯关和楚长城遗址包含在内并进行扩展。该长城也是休闲、游客观光走廊。

（6）气候公园。气候公园包括以界口白云山为主，利用长城走廊联通，将伏牛山景观与桐柏山景观联成一体，从而形成更大的纵深，联合开发气候资源。对于山顶的风力发电站，可通过资源收费和政府回购方式退出。

（7）游牧休闲与观光农业带。由于方城界口特殊气候因素的塑造，界口一带形成了非常特殊的植被类型。这种类型为中原所特有，能够在保留其气候、植被特色的基础上，开辟游牧休闲与特色农业观光带。

（8）居住与消费中心。在以上景观与项目基础上，再选择方城县或伏牛山和桐柏山作为休闲度假中心，将周围各地景观点组合起来。

四、主题联结经营机制

方城界口开发是为了更好地与工程激励相容，通过工程枢纽带动方城的整体开发。因此，界口资源应该由工程与方城县组织规划、统一开发，并由独立的公司统一经营。

（一）主题经营公司

方城界口主题经营公司隶属于工程总经营公司管理，由工程与南阳方城双方出资组建。公司注册地选择在南阳方城。

（二）经营范围

方城界口主题经营公司负责整个界口自然资源和人文资源的经营，经营以开发无形资源贸易为主，不允许工业、非清洁和高碳产业进入。界口周围边界以内的经营权由工程管理部门控制,并负责监督管理。

(三) 产品方案

(1) 工程景观带。在工程两边 50 米以内属于工程的核心保护带,用红线标识。工程负责对该带内的所有行为进行监督管理。

(2) 产业隔离带。主干渠周围 100 米以外的地理空间中,将建立特殊的隔离带,即产业隔离带。由于该地带空间的稀缺性,一旦工程建设完成将面临巨大的进入压力。为了阻止不合格的经营主体的进入,工程将采取绿色占位制度,通过选择,允许与工程安全相容的主体进入,从而自动阻止其他不相容主体进入。产业隔离带的经营权属于河南省工程总公司,用来对进入的主体进行有选择的授权。例如,将与工程干渠平行 1 000 米地带的经营权,授予专业性经营公司,并建立工程合同管理体制。

隔离带必须进行严格的产业选择并进行分类管理,由工程与各进入主体进行合同制管理。对于违反工程方合同条款的,可收回其经营权。进入主体行为选择,如表 4-2 所示。

表 4-2　进入主体行为选择

类别	选择进入内容
产业行为选择	环境产业、休闲娱乐产业、创意产业、文化产业、博物馆、公共教育、科普展览和设计科研等单位
消费行为选择	必须对消费行为进行管制,任何非绿色消费行为都将受到干预
信息行为选择	必须有行为标识制度,广告宣传位必须有公益性广告。凡是与南阳旅游、环境相关广告可以免收部分或全部的广告费用
管理行为选择	任何经营单位都必须有详细的环境、安全行为计划,并有专门的管理人员、机构、设备和信息管理制度

(3) 工程跨干渠走廊带。工程跨干渠走廊带即跨越主干渠工程,联结桐柏山和伏牛山景观群的走廊带。该走廊既可以供游客、行人和

物流使用,又是重要的生物联通走廊。该走廊将由多条走廊构成,它负责联通两边资源、景观和社会经济。

(4)方城景观群。随着主体景观群的形成,以后将会出现大量围绕工程主干渠而延伸衍生的景观群。这些景观群既包括自然遗产,又包括人文遗产,还包括现代人工工程和经营项目。目前该地比较著名的有楚长城(南长城)、缯关、气候公园、休闲游牧、生态农业公园和水库等,以后还会有各种游乐、休闲体验、度假和居住等项目进入。

(四)监督管理方案

(1)标准制订。工程进入标准、环境标准、行为标准和安全标准等内容统一由工程负责完成。工程管理总公司还要负责对工程景观群进行统一策划,分类制订各类行为标准,并纳入总量控制。工程制订的详细行为手册完成后,作为委托和合同的基础。

(2)行为监管。方城主题须有独立的行为监督管理标准和计划。对于工程红线边界以内的所有行为,都将由工程管理部门直接进行监督管理。红线至黄线边界以内的地区,既可以通过合同委托经营管理主体进行监督管理,又可以直接由工程监督管理部门完成。黄线边界以外地区所有经营行为都将实行合同管理体制,任何经营主体都必须按照合同要求,提出自己的详细管理计划,并定期接受工程管理部门的行为审计。经营主体责任区必须达到全覆盖,不留死角。

(3)监督能力建设。由于方城主题必须首先维护工程安全目标,红线边界以内的所有地段,将按照统一的技术和信息标准,全面安装各类监视监测仪器,对水质、水环境及相关风险因素进行动态监督管理。对黄线内的监督管理主要针对进入主体进行,各经营主体必须有专门的责任任务的具体行为计划,并有专门的机构管理。对于黄线外的经营行为,由经营公司负责拟订专门的计划,并定期接受环境行为审计。

(4)承诺与惩罚。工程总公司将从多个角度进行承诺。首先是经济承诺,在合同中对违反工程管理合同的单位实行经济惩罚。其次是经营权管理,任何单位一旦违反经营行为,将受到警告。严重违反经营管理合同者,将被强制退出,并惩没初期投入的所有沉淀成本。最后是行政管制,对于外围景观群除了针对经营主体监督管理以外,对行政所在管辖区域内的管理主体,按照行政程序进行处罚。该行政合同将由工程管理局与方城县和南阳市联合签订。

(五) 主题投融资机制

(1) 初期融资。方城主题公园是一个持续大规模建设工程,在近期内,方城单方面将无法承担该主题的所有投资任务甚至初期投资任务。为了使方城在工程建设中再造其历史地位和实现区域经济发展,工程管理部门将承担首期的全部投资任务。首期投资任务主要是用于主题项目的立项、可行性论证和环境评价等任务,也包括技术标准和合同管理等制度建设任务。

(2) 主题建设融资。对于红线边界以内的所有融资任务,都将由工程管理部门完全独立承担。红线至黄线边界之间的建设融资,既可以通过合同议价方式由双方联合投资完成,又可以由工程部门独立承担。外围经营性建设投资可分两步进行,即紧邻工程的投资由政府和工程投资,紧邻之外的投资可采取市场融资方式进行,也可由工程管理部门和方城、南阳联合出资,组建主题经营公司并按照公司治理模式进行融资。

(3) 经营融资。工程管理公司将搭建针对整个工程的融资平台,成立独立的投融资公司。该公司隶属于河南省政府南水北调管理机构,按照现代公司运转模式,负责整体相关的经营性融资任务。为了调动地方的积极性和扩大融资规模,投融资公司可以与地方政府合作建立分公司或子公司。

(4) 资金来源。资金将由五种来源构成:一是地方政府投资。该项投资将主要用于景观或主题区的道路、通信和管道等基础设施建设。二是银行贷款。其信用来源将主要产生于工程管理部门,工程管理部门负责贷款的责任机制。三是项目融资。该项融资通过景观及主题工程本身所产生的预期现金流来进行融资。四是经营权融资。工程主干渠周围的经营权是稀缺资源,工程管理机构将按照市场化准入模式进行总量控制。经营权出售的所有收益将用于景观区的基础设施建设。五是政府采购。

五、消费群培养方案

为了保证工程与方城主题开发,必须考虑消费群的培养问题。这是因为,南水北调方城主题投资规模大,见效时间长,在工程经营初期需要通过各种方式进行现金流补贴。为了保证工程主题的可持续性和投资的效益实现,提出如下消费群培养方案。

(一)人文教育方案

将方城自然、历史资源转化为科普和青少年教育内容,将方城主题开辟为青少年教育基地。对于方城的小学教育,应该将本土人文及自然知识纳入其中。由于青少年是未来的顾客群,他们会在成长中始终保留早期记忆,并且会将早期知识扩散到相应的社会网络中。人文素质的培养是一个跨期投资,是对未来顾客群的投资,当他们顺着人文路径回游时,就会补交"学费"。

(二)公共宣传方案

南阳市应该创造条件,尽量使进入南阳的顾客在方城停留。同时,各县市将自己的导游方案展现在方城主题周围。该类信息投资应该属于南阳公共信息投资。方城也将建立相应的展览馆,并利用三维技术进行导游。

在人文宣传方面,河南省政府除了可利用电视和网络等工具外,还要尽量向社会提供各类专业信息。我们利用百家讲坛、大学研讨会、探索与发现等宣讲平台,向社会传递河南的文化信息,并利用自己的原真信息来获得对中华文明史的发言权和解读权。

(三)政府采购方案

南阳乃至河南省都应该将人文消费作为政府采购内容之一。这是因为:①河南省是人文大省,需要足够的现金流支撑。政府采购相当于补贴,也相当于间接投资,是河南消费潜力所在。旅游消费能带来更多地方税收收入,因此,该消费需求将成为拉动河南地方经济增长的有效引擎。②对河南景观投资也是对人力资本投资。由于旅游需要更多的导游,他们只有亲自参与才能获得情境认知。③它也是社会资本的投资。由于每个人都是社会网络中的节点,当游客规模形成时,就可以利用行政网络、产业网络和社会互动网络带动更多的游客进入。政府采购可以由三个支柱构成:一是允许行政机构利用自己的影响和网络,带游客进入景区,以补贴或优惠政策方式扩展网络。二是对老年群体进行补贴。由于河南人口规模已超过 1 亿,未来老年人口规模将始终维持在 1 000 万以上,老年消费潜力将是河南消费需求的主要动力之一。三是对青少年及基础教育的补贴。该项补贴的综合收益和长远收益非常巨大,它本身是一种有价值的顾客和信息投资。以上所有投资中,政府都可以通过发放旅游券方式进行,并在整个工程景观区内进行集中的认证。

(四) 教育科研工程方案

河南省文化和自然资源挖掘潜力巨大。历史信息既埋藏在碎片化的历史文献中,又掩埋在地下。历史文化信息需要有完整、专业的科研群体来进行挖掘。因此,政府应该适时地对科研机构施行适度的采购和补贴,对工程沿线的人文和自然资源进行积极研究,为未来河南的人文经济奠定良好的基础。

科研主要围绕以下三个方面展开:①需要通过配合工程与河南区域经济互动模型规划目标,培养一批具有人文资源开采、价值发现以及与资源经济学相关的人才和机构。②需要培养一批具有文化项目、文化经营和文化资源管理的高级人才。③由于文化碎片化和分散性,历史文化信息需要由现代技术来进行翻译和承载。

第五章　工程与南阳生物资源联结

南阳是一个生物多样性丰富的区域,生物资源的范围非常广泛,不仅包括各种微生物和动物资源,还包括不同类型的植物资源。本章重点讨论南阳的植物资源。

一、生物资源主题联结概述

任何一种资源,都可以按照其不同消费群进行多维解读,因而,它可以按照不同主题进行联结开发。同时,任何主题也都可以再细分为各类分(子)主题,而且任意两种主题可以进行主题联结,从而产生新型的主题资源集合。这样,假设基础资源集合为 $N=\{0, 1, 2, \cdots, N\}$,那么可以得到的主题细分数量将达到无穷级别。

分类主题联结,就是将植物或生物资源作为资源基础类型,按照现代产业需求和产业链规律进行联结。主题也可以和现代的流行概念进行联结,如低碳经济和清洁生产等的联结。植物也可以进行人文联结,如各种植物有不同的人文含义,从而形成了特别的植物文化。

工程对南阳生物资源的发展具有显著的影响。在从基础资源到产业链的逐级开发过程中,分工、专业化和产业网络化过程会出现多级联结现象。就工程与生物资源的旅游效益来看,如果将来工程游客数量达到一定规模,预期这些联结项目将产生巨大的经济和社会生态效益。同时,工程还可以在此基础上进行三级、四级甚至更高级的联结,从而使植物资源在不断的联结中增值,放大初始经济效益。

二、主题联结及其意义

主题联结在现实中应用广泛,以南阳创办野生植物园为例,其目标是开发南阳的野生生物多样性资源,并以集中展示和开发的模式,全面地发现该资源价值,探索未来可持续的区域发展模式,并形成规模化的道路。该主题联结的意义有以下五方面。

(一) 保护特殊自然生境

创造一种自然生境,用来宣传、保护南阳稀缺性野生生物多样性。

(二) 创造科研与教学生境

创造科研与教学生境,建立专业性活体标本库和基因库。这既可用于植物栽培,又可以用作育种和开发科研试验,更为各类专业爱好者和公共教育者提供各类野生植物教学园区。

(三) 创造消费生境

创造消费生境,使许多野外休闲者、探索与发现者、研究者和观赏者能够在该园区发现许多有价值的生物学范本,并为其提供更多的生态环境价值。

(四) 创造产业与资源生境

创造产业与资源生境,提供野生主题植物,如药用植物、食用植物和芳香植物等的科研开发,通过育种、训化和栽培试验,为下游产业开发提供条件;提供各类苗圃和观赏盆景。

(五) 创造潜在价值发现情境

创造潜在价值,强化对生态多样性、生物物种多样性的认识。

三、公园空间布局与表达

(一) 整体布局原则

工程与野生植物园将采取离散集中原则进行空间布局。所谓的离散原则,是指在不同的节点(品种或公园)之间保持空间上的相对分离,从而使公园的边界相对完整,以便消费者可以简单地进行识别和消费。所谓集中原则,是指同类或具有相同主题意义的资源,应该尽量保持地理空间布置的紧促性、连续性和主题关联性。

(二) 空间布局选择

工程与周围区域之间需要进行土地空间的重新整理和布局。由于工程所经过区域为土地资源集约化程度的地区,在选择土地使用方面应该遵循节约、开源和集约高效等原则进行布置。具体涉及以下三个原则:

(1) 规避重大空间价值冲突,如交叉河流、公路、城市用地、农业和商业用地。

(2) 增值常规土地价值。对于废弃地、飞地、荒地和贫瘠土地等,通过精心设计既可达到资源开发目标,又可以达到美化环境的效果。

(3) 降低土地空间成本。由于工程属于线状工程,有足够的地理纵深,在选择项目布局时,应选择沿线相对偏远地区,以避免与城市空间发生土地竞争。在土地利用类型上,应该选择工程周围(近邻)荒脊和滩涂等非农业和建筑用地,以免与现代土地开发产生竞争冲突。对于沿线土地利用竞争激烈的地区,实行完全封闭管理,并通过公路线将土地开发引入相对偏远但目前还未开发和利用的土地(拓扑＋空间管理)。此外,特别需要注意对尚未发现现代商业价值的土地进行价值潜力挖掘。

第六章 工程与南阳畜牧产业联结

南阳畜牧业的发展与特定的地理、气候和生物资源有关,是特定人文的表达模式之一。南阳畜牧业历史悠久,早已形成了自己的种源基础,特别是南阳黄牛和伏牛山羊。若南阳畜牧产业与工程成功联结将为南阳畜牧业发展带来有利条件:一是大量的外地游客涌入,促进南阳畜牧业消费需求增长,进而刺激畜牧业供给的增长;二是对南阳畜牧资源进行价值再评估,不仅直接增加消费需求,而且间接引致厂商和投资者对畜牧业相关产业链的直接和间接投资;三是工程因素可能直接或间接塑造产业组织和产业链形态。

一、南阳畜牧资源潜力分析

南阳具有丰富的畜牧业资源禀赋。这些潜在资源禀赋包括:①南阳是中国最典型的农耕文明地区之一,特别是农业中的畜牧业具有非常悠久的历史。②南阳不仅拥有丰富的野生动植物品种资源,而且在农耕演化中优选出了一批地方畜牧品种资源。③南阳特殊的小气候资源和多样化地形资源,适合多样化畜牧的放养,而且其农业产品也为畜牧业提供了丰富的饲料来源。④南阳是人口大市,人口是重要的基础规模经济支撑力量,且大量人口外流使其社会网络分布范围极其广泛,因此,它可以借此成为市场需求偏好的重要拓展干渠。⑤南阳已形成了具有相当基础的畜牧业产业网络。

(一)地方品种资源
南阳不仅有悠久的农耕文明历史,也是一个多民族混居区域。加之南阳本身具有多样化小气候和地形资源,所有资源的合流,使南阳不仅拥有地方特色的动植物品种资源,而且其生态空间可以容纳更多的动物养殖。适于本土畜牧的品种,如表 6-1 所示。

表 6-1 适于本土畜牧的品种

项目	地方品种	物种价值
禽类	南阳柴鸡、七彩山鸡、南阳野鸡和南阳南召县博达七彩珍禽	经济价值、食用价值、药用价值和观赏价值
蜂类	西峡土蜂蜜	经济价值、食用价值、药用价值、观赏价值和生态价值
小动物养殖	兔、貂、狐狸、蚕	生态价值、经济价值、药用价值和观赏价值
山羊	伏牛白山羊、太行黑山羊和波尔山羊等	经济价值、食用价值、药用价值和观赏价值
牲猪	南阳黑猪	经济价值、食用价值和生物品种价值
黄牛	南阳黄牛	经济价值、食用价值、观赏价值和品种价值
水生养殖	大闸蟹和丹江鱼等	经济价值、食用价值和生态价值

(二) 丰富的饲料资源

畜牧养殖与饲料、土地利用类型相关。南阳在畜牧饲料原料上具有天然优势,可利用的常用饲料资源有玉米、小麦和豆类等主产品及其副产品(主要是农业秸秆资源)。南阳盆地是河南的主要粮食产区,2009 年大豆面积达 98.28 万亩,总产量 15.14 万吨;小麦产量 249.34 万吨;谷产量 47.53 万吨,增长 7%;玉米产量 85.49 万吨,增长 46.0%。此外,南阳还存在整片或碎片化的各类天然畜牧草场资源,这些资源包括四周山地灌木林、大量沿河湿地草场、方城与唐河地区的半干旱草场等,其潜在畜牧饲料资源也非常丰富。南阳地方品种,如表 6-2 所示。

表 6-2 南阳地方品种

类型	养殖	区位
山地灌木林	禽类、羊、蜂和特种小动物等	西峡、淅川和内乡等地
沿河湿地草甸	黄牛、羊和水产品	西峡、淅川、内乡等山区和沿河湿地地区
草场	黄牛和羊等大中型动物	桐柏、方城和淅川等地
农业饲料	禽类、牲猪、羊和黄牛	南阳全境
生物与生态多样性	特种野生小动物,如兔、貂和狐狸等	西峡和内乡等

(三)特殊的气候与水土资源

南阳盆地特定的土壤和气候条件也是南阳黄牛品种形成的重要条件。南阳地处亚热带和暖温带的过渡带,四季分明、光照充足、雨量适中、无霜期长。尤其是占南阳盆地面积 70% 以上的唐河、白河流域,岗峦和河谷相间,平原面积广阔,土地肥沃,人口稠密。大面积的山岗荒地和河谷湿地为南阳黄牛的生长提供了充足的牧草,肥沃平原的大面积耕作既需役使大批耕牛,又为饲养南阳黄牛提供了秸秆等饲料。在这些特殊的自然条件作用下,经过千百年的培育,南阳黄牛逐渐成为体躯大、耐粗饲、品质优、数量多和役肉兼用的优秀地方品牌。

(四)畜牧文化

南阳农民历来有养牛的习惯。远在春秋时代,南阳黄牛已进入了舍饲和圈养阶段。生长于南阳的秦名相百里奚就善于养牛,在他大半生的落魄生涯中,于南阳城西麒麟岗养牛成为他谋生的主要手段。明清时代,南阳黄牛已遍布于唐河、白河流域。悠久的养牛历史,孕育了南阳盆地千家万户养牛的民风。南阳农民普遍具有养牛习惯和技能。牛与人类之间的互动过程,演化出了大量与之相关联的牛文化现象,这些现象包括牛酒文化、巫文化、祭祀文化、动力文化、禁忌文化、道教文化和生肖文化等。所有这些文化与传统农耕文化一起,构成了牛文化的丰富内涵,是未来南阳文化开发潜力之一,是现代化南阳地区潜在资源之一。

（五）产业资源

南阳本身有千万以上的消费人口规模，它为南阳提供了资源产品消费规模支撑。南阳的社会网络分布在全国各地，它是南阳畜牧业产品的潜在营销干渠，通过它将消费偏好和产品以各种方式传递给没有边界的市场。同时，南阳有大量的散养畜牧农户，也有专业化养殖基地。大量的专业性农产品综合加工企业形成了稳定的产品、干渠和顾客群。大量的餐馆、熟食加工企业，以生产、服务业的形式扩展并守护自己的消费群。与之相关的科研、饲料、废料加工、信息和要素等市场相互支撑，南阳畜牧业潜在产业链价值正在逐步释放。

二、南阳畜牧业产业利益地图

南阳黄牛品牌既是南阳的优良畜牧业品牌资源，又是南阳自然资源与人文遗产。它的经济价值潜生并储存在整个关联产业链中，与所有现代产业都存在着直接或间接的潜在联结机会。产业链关联示意图，如图6-1所示。

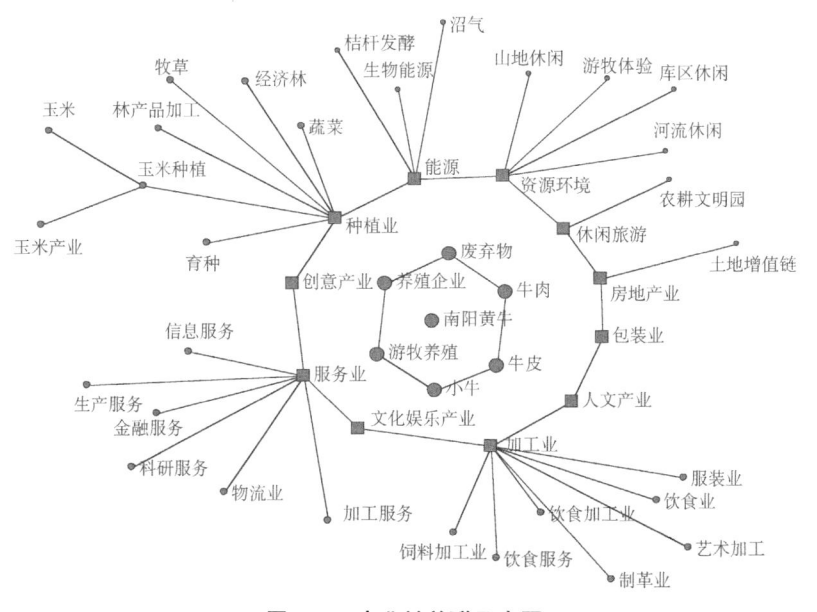

图6-1　产业链关联示意图

图 6-1 的中心部分是南阳黄牛品牌,其近邻一级产业链为牛肉、牛杂副产品、皮革、幼牛、养殖企业、养殖农户、废弃物(粪便)、休闲产品和文化体验产品等。二级产业链为因黄牛衍生的能源产业、种植业、创意与文化产业、生产服务业(2.5 产业)、生产加工业、资源环境产业和包装业等。三级产业链包括直接由二级产业链和 2.5 产业作为投入或消费需求的产业,如加工业中的服装业、饮食业、艺术加工业、制革业和饲料加工业;服务业中的信息服务、生产服务(2.5)、金融服务和科研服务等;种植业中的农产品种植、饲料种植和加工、经济林产品种植和蔬菜种植等;能源产业包括生物能源、沼气、秸秆发酵、生物乙醇和食用酒精等。资源环境产业包括山地休闲、游牧体验、文化体验、农耕文明和各种牛文化等。这些产业都直接或间接与其相关。

三、工程相对畜牧业的资源禀赋

工程将直接或间接地影响到南阳畜牧业产业链。

(一) 工程的南阳效应

工程影响南阳畜牧业产业链包括三种方式:

(1)独立不相关间接外溢影响。即因工程引入后,对区位重要性、外部人口流入、国际及国内沟通、投资进入和稀缺资源的自然增值效应等的总体影响。由于缺乏战略联结,这种外溢是纯粹外生变量,它只强化南阳整体的自然资源、人文资源的价值。

(2)直接资源效应。即工程本身所具有的资源因素对区域的影响。工程的资源包括水资源、景观资源、社会资源、经济资源和行政资源等。

(3)战略效应。战略效应是在互动中形成的。这种互动包括以南阳为主导的战略联结、以工程为主导的战略联结和双方合作甚至一体化的战略联结。这种联结保证双方目标的激励相容,在最大化双方整体利益的同时,合理分配风险、负外部性、冲突及直接成本等。

（二）工程资源及其区域正效应

工程外部正效应,如表 6-3 所示。

表 6-3　工程外部正效应

项目	直接价值	关联及间接价值
畜牧人文产业		观光、科普教育、自然、历史博物、文学、艺术和耕牧人文
畜牧休闲产业	游牧	休闲、参与、自然山水和体验
畜牧的农业联结	畜牧业	农业种植、经济林和废物利用
畜牧加工业	各种主副产品	加工业、饲料业和饮食业
饮食业		牛主副产品和餐饮服务
畜牧与自然资源开发产业	散放养殖	自然服务增值和吸引自然消费增加
畜牧与旅游业	消费、情感、存在与使用价值	旅游参与与消费和购买
畜牧与信息产业		贸易、商业服务和信息生产加工
畜牧与服务业		牛文化带来的服务产业链
能源产业	弃物利用、沼气、清洁能源	

1. 带入大量潜在的消费流

南阳属于水源区,工程结束后,将源源不断地向北方输送甘甜的水源。丹江口水库的水景观本身将成为最迷人的旅游目的地。当游客进入该地区后,不仅会将畜牧消费需求带入该地区,而且会影响到畜牧业价值释放、供给、投资、交易量、价格、加工及其他衍生产业等多个方面。

2. 水资源价值与畜牧业

工程将有部分水资源被分配到河南南阳,其中南阳卧龙区、邓州市都占有较大的水配额。这些水不仅可以作为水权进入交易领域,而且也对工程畜牧业产生影响。特别是对于南阳周围山区(西峡、内乡、淅川等)养殖业影响最大,一些敏感地带的河流湿地将因水质管制而放弃天然牧养模式,向集中圈养转变。

3. 提高区域地位

工程将从多方位提升南阳地理区位。首先,与首都建立水缘联结。其次,南阳作为淮河、汉江和工程的小三江源地区,其心理地位、敏感性和水安全地位都将受到更多关注和提升。这些地位的提升对南阳畜牧的影响,既取决于国家、外部市场的关注度,又取决于南阳的地方战略实施。

4. 构建品牌和资源融合能力

南阳之所以至今未形成具有巨大影响力的畜牧业品牌,有几方面原因:首先,与整个河南的畜牧业资源配置机制和管理机制有关。从资源配置机制来说,南阳畜牧业具有分散、规模小的特点。南阳集中规模的草场仅出现在唐河,且养殖模式粗放,规模也无法与北方草场相比。大部分以农户散养为主,斑块状利用其可能的草场资源。其次,与地方产业发展政策有关。南阳一直是粮食大市,早期产业大多以粮食为主。新近的产业发展以吸引外资为主,无法锁定自己的资源相关产业。最后,南阳畜牧业与全国畜牧业一样,大多属地管理。在缺乏大型公司带动的现状下,散养模式可能是风险分散的较好方法。工程进入后,希望它利用自己的跨产业、跨区域组织和配置资源的优势,集中利用自己的影响力发挥平台作用,集中配置南阳畜牧业,联合拓展南阳畜牧业未来。

(三) 工程与南阳畜牧产业的潜在冲突

工程也可能给南阳畜牧来带来严重的不利影响。集中的畜牧业会带来点源污染,而沿河、草场放牧也会带来面源污染,因此,如果畜牧业采取大面积散养方式,必然会威胁到丹江口水质量安全。

1. 污染事件敏感性

一般来说,南阳受草场资源约束,放养规模不会大到对水质产生严重影响。即使存在部分污染物,它也能够通过河流、湿地和森林等机制得到部分或完全净化。但是,由于南阳淅川县、西峡县和内乡县都处于工程的特殊水源敏感区,具有更高的水源情感价值和需求,这种沿用已久的散养模式可能会损害到人们的水情感和水心理价值。在现代网络信息机制下,它可能会触动公共响应从而上升为政治事件。由于工程必然会吸引大量北方受水区的游客、具有强烈水情感和生态愿望的外地游客、行政官员、科研人员和新闻媒体,任何潜在的水污染因素都可能引起外界的关注,从而将环境压力引入南阳监督管理机构。

2. 总量限制

南阳畜牧业本身存在非常大的成长空间。当畜牧业利润足够大时,许多从事粮食生产的地区可能转而向畜牧业发展。尽管工程和南阳会施加严格的环境标准,但在目前的技术和经济水平上很难完全做到零排放。这样,当养殖规模大到一定程度后,最终会积累巨大的污染量从而使水源区安全受到威胁。因此,南阳畜牧业将受到总量约束。

3. 环境标准

在南阳水源区及干渠近邻区,工程作为环境监督者必然会广泛参与环境评价和影响过程。为了从源头上控制并防止水源污染物积累,对于南阳地区畜牧业可能会实施远高于其他地区的畜牧业环评标准。这种标准必然会给南阳畜牧业带来额外的成本。

四、工程主动联合策略方案

(一)资本联合:南-南游牧产业集团

资本联合即由"南阳-南水北调"共同出资组建股份有限公司,以资本纽带来促进双方的利益关联。公司将以整个畜牧业为经营对象,针对畜牧业产业链一体化组织,共同塑造新型的畜牧业品牌。公司资本结构由双方谈判确定,工程和南阳市政府或企业家联合出资,然后按照现代企业制度产生自己的治理机制和运营模式。

(二)品牌分享策略

工程与南阳牛的名称、术语、象征、记号、设计及组合形象,会在不断的经营和互动过程中带来增值。

(1)品牌专用性。由于工程品牌是由工程管理机构主导组建的,它将利用该品牌激励约束工程沿线的各主体行为。南阳所有经营企业都可以共享贴牌使用,但其养殖、生产加工、销售和服务,都必须接受工程方节制。工程将通过法律程序认定,并享有排他性品牌专有权,其他企业不能仿冒和伪造。

(2)无形资产归属。品牌无形资产属于南阳和工程共享,由工程运营与管理机构管理。

(3)风险分配。品牌转化具有一定的风险及不确定性,考虑到工程是一个长期存在的实体,且有巨大的无形和有形资本支撑,因此,工程将负责品牌创立、维护并承担相应风险。作为交换条件,工程和南阳双方负责对品牌进行监督管理,对加盟企业进行质量、经营行为审计,并将双方的长远目标作为评价基础,设立准入条件。

(三)经营模式与产业组织

工程利用自己的资源优势,将整个工程与南阳畜牧业两种资源进行捆绑互锁,对外部适当排他,对内一体化开放。

(1)业务模式。各类分散的养殖、加工产业联合业务模式,由品牌经营公司统一配置,定义产业链环节、位置和相互关系。

(2)经营模式和商业模式。工程方负责市场开拓、形象营销、融资、潜在顾客市场培养并创造良好干渠,南阳企业群负责以畜牧业为主的产品和服务提供,从而获得区域最大利益。

(3)盈利模式。从整个产业链获得赢利,工程方内部收益处于次要地位,其重要收益体现在外部性上,即水安全、工程价值增值和区域经济发展等方面。南阳地方企业和居民将成为主要获利主体,而政府获得区域间接收益。

五、工程与区域公共治理机制

(一)产业链的空间分布模式

现代企业产业链能够完全突破地理和行政区域的限制,按照资本通道,相对自由地选择自己的空间布局模式。如果一个企业遵守最优化决策,使其产业链分别在不同环节进行跨区域产业布局,同时保持不破坏其产业链的拓扑结构,那么该企业的中心决策点或者产业网络中密度最大的节点就将成为总部。因此,一旦将南阳畜牧业上升到总部经济模式进行配置,南阳就是南阳牛及其他畜牧业的总部。

(二) 工程-南阳畜牧分布形式

从上面的分析可以看出,南阳畜牧业将以南阳牛为主题,并逐渐扩散到整个南阳畜牧业的其他品种。南阳畜牧业采取的分布方式如下所述。

1. 总部:南阳市

南阳牛是历史品牌,该品牌已经建立了与南阳地域之间的认知关联。南阳将处于南阳牛主题的中心位置,它是该品牌的总部。

2. 集团公司策划中心

集团公司策划中心可以定位于南阳或郑州。策划中心不放在各县的原因是,它需要更多的创意和科研服务,而这种服务往往在中心城市聚集,各县并不具备这样的条件。

3. 产品研究中心

由于南阳牛衍生产品需要满足全国各地消费偏好与需求,在品牌引导下的产品研究中心可以适当地分散在全国各地的科研院校。建议在全国和海外设立各类科研中心,以适应分区分类管理的要求。由于我国科研能力在这些地区都表现为空间聚集,且研究能力具有类似性,可以委托各地的大专院校、企业来代理完成相应的科研活动。

4. 营销中心

营销中心可以比照科研中心的布局,并与科研等机构合并为统一的品牌区域管理中心。由于营销、科研和顾客研究具有同步性,建议在全国各地分设广泛的营销网络。

5. 加工中心

初加工尽量保留在畜牧产品的原产地,并在郑州建立可快速分流到全国各加工、销售中心的冷链系统。

6. 养殖中心

南阳牛养殖中心将以南阳山区各县为中心,并将整个湖北十堰、陕西商洛地区、河南平顶山和信阳地区纳入原产地保护行列,建立稳定可靠的畜牧产品供应基地。

7. 饲料配置和加工中心

在所有养殖中心种植饲料,并进行饲料的加工与配置,为畜牧养殖提供可靠、稳定的饲料来源,保证畜牧养殖的质量。

8. 附加产品加工中心

附加产品加工中心可根据关联企业自由选择,但核心原料配置由总公司控制。

(三) 工程品牌管理

1. 采购管理

实行严格的采购标准,原材料采购时要选取品牌与质量可靠、货源稳定的供货商,保证产品质量的持续性与稳定性。

2. 品质管理

严格遵循产品的生产工艺,严格考察原材料的采购干渠,保证品牌效应下产品的品质。

3. 准入管理

实行严格的准入管理制度,实行总量控制与标准控制。对于进入工程品牌的企业、产品要制订较为严格、系统的标准,设置进入壁垒。

4. 定价权

启用工程品牌后,产品生产者拥有产品定价权。

5. 品牌管理

工程品牌归属于工程总公司,不能由子公司或其他公司随意使用,这主要是保证品牌具有持久性。

6. 融资管理

工程总公司建立后,将会有大量的资金流动,这一融资管理权交由工程总公司。

第七章 工程与南阳联结的水资源管理机制

工程在经过河南省 8 市时，与沿线区域发生了非常复杂的时空互动关系。它们所形成的关系涉及输配水干渠及网络、水权资源、水景观资源和水污染防治等各个方面，既包括物理和生物关联，又包括不直接产生接触的拓扑关联。工程与南阳地区联结水资源管理机制就是与工程相关的水资源配置机制，其目的包括：①通过水资源的优化配置，挖掘水资源的内部和外部效益，从而使工程沿线区域经济目标最大化。②通过水资源的优化配置，建立与工程相容的激励机制来保证工程目标最大化。③通过水资源开发机制促进工程沿线各区域和工程之间的联合合作，达到双方的联合绩效最大化。④通过水资源管理机制的建立，保证工程沿线区域和工程本身的可持续长远发展目标得以实现。⑤通过资源整合所产生的多方激励机制，使未来工程与区域之间的冲突最小化，使工程成为和谐工程。

一、工程水资源规划的范围

本次规划范围包括工程直接关联的边界利益主体。水资源管理机制所覆盖的范围和边界，主要包括以下几个方面。

（一）工程河南水源区

它包括整个南阳市水源区的所有河流、流域、行政村庄，水源区范围内的工业园区、城镇人居区、工业厂矿、水力发电站和商业经营网点等。

（二）工程河南段干渠边界内的水资源

它包括干渠建筑物，干渠内水资源，干渠红线、黄线及蓝线范围内的水资源或水相关资源，与干渠存在交叉及存在影响的河流。

（三）工程河南配套管网

它包括管网内的水资源、配套干渠系统、口门至水厂间的水资源、配套干渠管道资源和配套干渠标识范围内的地下地上空间资源等。

二、工程水资源管理的内容

（一）基础设施与能力建设管理

它包括主干配水干渠、配套配水干渠、干渠权利边界内沿线建筑物、构筑物等功能性实体资源，布置在干渠及其周围的各类水量水质监测设备、通信网络、电力设施及相关辅助设备管理，干渠权利边界以内的各类公共标识，布置在干渠沿线的各类应急设备，以及其他为保证工程正常运转和安全的能力设备管理等。

（二）工程水权空间管理

它包括工程水体（丹江口水库）、主干渠红线以内的所有空间内的经营、规划和布局等管理，干渠管理权边界内的所有外部经营主体的准入管理，干渠及其权利边界内的信息、广告及经营管理，工程配置权范围内的土地使用规划与作业行为管理。

（三）水资源数量管理

广义的水资源数量管理是指对水权、水总量、水使用方向、水标准、水环境和水质量等方面的管理，用来区别水价格管理。这里所说的水资源数量管理是狭义的，即关于水总量及水使用权方面的配置。水资源数量边界是指工程干渠内部流动或储存的水资源，也包括与之直接或间接相关的所有资源集合。它包括主干渠沿线的水行为（流量、流速和流向等）管理，各配置部门的设置管理，向各地区分配的水资源总量管理等。

（四）工程水质量管理

它包括主干渠内的水质量、配套网络中的水质量、近邻地表径流水质量和地下水质量等各个方面。水质量或水环境管理包括标准管理、水质监测、各类常规风险源排查、应急风险识别与管理等。

（五）工程水冲突管理

水冲突是指与水本身的使用冲突，工程与周围区域所产生的社会经济冲突等。工程冲突管理既包括水合同管理、水使用行为管理、水干渠安全监测管理、相关流域内的生态行为管理、河流环境保护管理和环境补偿管理等，又包括环境监察、法律诉讼、行政申诉等内容。

（六）水价与水市场管理

工程南阳段的水资源最终将在河南省范围内进行配置，其运行机制将通过水价格和水市场来进行调节。这种管理具体包括水资源总量管理，水资源在各区域、各行业、各用途之间的初始分配和再分配，水市场及水交易管理，水合同管理，水价格管理，异常敏感点的数量限制与价格管理等。

（七）水行政管理

水行政管理既包括工程沿线及区域水环境标准制定、水高度命令与控制、水投入与产出管理、水使用用途与方向性限制和水产业政策制订等；又包括对水源区和河流的产业、社会进入禁止管理，区域限制与退出管理，水源区及干渠人居空间管理，生态环境行为管制，与工程及水相关的标签、标识及信息管制等。

（八）责任机制与法律管理

工程的未来趋势可能是专门针对干渠及水源区进行立法管理。因此，未来法律管理包括风险责任分配、收益和成本分配、合同与违约责任和行政执法等各方面内容。

三、工程水资源管理的主体

（一）工程建管局

南阳境内工程建设管理主体为河南省工程建管局，工程建成后或由省政府通过合法机制授权到某一特定的管理主体。管理主体作为河南省南水北调法人单位,对工程沿线、主干渠、配套管网、水源区进行统一配置和管理,并承担相应的责任和义务。

(二)工程建管局职能部门

工程管理职能部门是工程法人的派出机构,包括工程环境保护、园林绿化、质量安全、投资管理和经营管理等各相关部门。所有职能部门都直接隶属于工程建管局,代理行使各类专业化的管理职能。

四、工程水资源用途管理与配置

由于水资源的微观用途极其广泛,我们有必要对水资源进行分类管理。在现有水管理中,本身有一个分类系统,它是针对最终使用途径来划分的,但为了与其他公共政策和工程管理相适应,做如下分类处理,以便对水的微观配置机制进行合理分析,从而建立更优的水分配体系。

(一)工程未来潜在用水需求

水资源按照最终用途可以分为生活用水、生产用水和生态用水等。其中,生活用水主要用于城市和乡村居民的日常生活,生态用水主要用于恢复及修补河湖。目前工程沿线的主要生态类型包括湿地生态(河流与水库等)、农田生态、城市园林生态和森林生态等方面。

(二)水资源数量配置

按照目前工程现有的总体规划方案,工程已对整个河南省干渠沿线地区的统计水量进行了初始预配置。这种配置方案本身就是按照区域总量配置模式进行分配的,它将干渠内的原水在各口门计量分配到相应的各受水区域。当这些水进入各区域范围后,它会通过自己的配置规划和干渠再分配到各个微观使用主体。但是,工程对各区域的水资源细化再配置问题,并没有作出更详细的约束和行为说明,而是统一将水资源配置权授予地方水资源配置机构。

(三)水环境管理机制

工程水环境配置将按照干渠的完整性建立统一的水资源环境管

理机制,它一般包括三个方面的管理内容:一是水源区水环境管理方案;二是主干渠水环境管理方案;三是配套管网水环境管理方案。从水厂到各用户之间的水网环境管理方案因已有独立的责任主体,并且因城市和农村水网配置已有较成熟的经验和管理措施,所以不在本研究之列。

1. 水源区水环境管理方案

水源区包括湖北省、陕西省和河南省的三省四市。本次规划只涉及河南省南阳市的淅川县、西峡县和内乡县等。具体的水环境管理方案目前已有专项措施出台。

2. 主干渠水环境管理方案

主干渠周围的水环境管理将采取动态监测、全面覆盖、预警与危机管理三种措施共同完成,并有专项的干渠环境管理措施。

3. 配套管网水环境管理方案

由于配套管网主要以暗渠管道方式布置,只有部分转运河流和明渠才出现环境风险暴露问题,配套管网水环境管理较为简单。对于明渠部分,以后将采取完全封闭隔离的方式,禁止任何经营主体进入干渠边界周围以内,对干渠近邻主体及流域范围内的农业、生产经营活动一律停止。河南省将通过行政管理措施,迁出可能的风险源,并通过责任区规划将关联区域上升为水环境管理区。

(四) 水景观资源配置

水景观是水资源的重要表现形式之一,因此,工程水资源管理范围将自然延伸到干渠及水源区的水景观资源管理。本次规划的水景观包括干渠景观、水面景观和合同涉及的相关景观。

1. 水景观准入制度

水所产生的特殊景观价值可能导致沿线大量主体的进入压力。当这种进入达到一定规模时,不仅可能使水体景观价值消失,而且因过度进入导致与工程本身的冲突规模、冲突范围和冲突强度加剧。为了维持工程景观的价值和对工程本身的安全防护,工程管理局在特定边界和关联利益空间内实行准入制度,从而既可以充分利用景观资源,又可以防止景观资源诱导进入对工程产生风险。

为了防止周围区域理性主体过度进入对工程产生较大压力或对景观价值产生不利影响,工程对周围的景观开发进行准入管理。准入既要进行总量控制,又要设定各类准则和标准进行管理,工程将对所有进入近邻的经营活动进行行为审计和标准审计。

2. 水景观定价制度

对于景观的准入,除了使用总量管理和景观标准管理外,还需要动用行政和经济手段来进行综合调节。按照理论分析,任何主体之所以存在进入工程的动力,一定是受到某种边际利益的激励。由于景观资源的外溢性和公共资源(共享性、竞争性)特征,任何进入主体的进入行为事实上都可以看作是某种免费套利行为。

同时,工程干渠是一个不完全开放系统,存在可测量、可控制的利益和产权边界。为了防止免费套利和有利于工程干渠资源的开发,对进入权进行拍卖。拍卖的内容包括广告权、土地使用权和景观经营权等。

3. 水景观规划管理

为了保证工程周围的景观的统一最优化管理,对工程干渠沿线进行统一的景观规划,并在规划的基础上与区域之间建立合理的联结关系。任何涉及干渠景观的区域规划都必须有工程规划部门人员参与,并经过工程管理局同意。在规划的基础上,再设定相应的主题、项目和准入条件。

水景观具体管理内容包括景观行为管理、主题管理和标准管理等项目,其目标就是在保证景观整体资源价值最大化的前提下,消除那些与干渠景观价值和行为不相符、不相容甚至相冲突的景观及环境行为。

(五)水用途配置

现有用水资源配置大多采用了按照其使用去向和用途的管理方式。这种方式一是与水的常规用途相对应。二是与现有的管理系统兼容。一般来说,按照用途的分类机制,水资源分为生活用水、农业用水和生产用水,也可以分为农村用水与城市用水。

在本次规划中,特别强调生态用水,这一用水方向在过去的水资源配置规划中虽然时有提及,但并没有放在重要的地位。工程干渠沿线的生态用水之所以重要,其原因是多方面的:一是华北地区是地下水严重超采地区,工程可以通过干渠输送将南方丰沛的水资源补充到地下。二是长江与黄河流域雨季不一致,在长江的洪水季节的富余水资源可以通过河流或其他途径回灌到地下。三是河南农业用水地下水过深导致农业产量受损且成本上升。四是由于人口密集和过度开发,河南境内的大量湖泊、河流和湿地等,都需要进行可持续的生态用水补充。因此,工程周围应该重新进行生态用水规划,从而进行配套管理。

在生态用水方面,政府和工程一定要利用雨季不均衡性,在丰水时段低价回购,将之转化为生态效率或区域整体的间接和长远效益。大部分用水都可以采用政府公共购买方式进行。

(六) 水使用行为管理

这里的水使用行为是指与水使用相关的所有行为集合,包括水产业行为、水互动行为、水开发行为、娱乐行为和水消费行为等,它是一个极其泛化的概念。虽然它与数量行为、价格行为和环境管理行为等相重叠,但仍需作为一个特别部分以突出其重要性。

五、工程水交易平台与水交易机制

尽管工程已经对沿线各区域进行了水资源的总量初次分配,但是这种预分配还有优化空间。其原因是初次分配时预测的人口规模、经济发展与实际出现一定偏差,各地发展不平衡与分配指标不匹配。

为了建立良好的水配置效率与和谐的用水机制,补充建立工程干渠沿线区域内水配置,最终形成统一的水配置网络联通。这一机制将以水市场配置为基础,配合水资源数量、配额管理和标准管理等,共同使工程水资源配置达到最大绩效。

（一）交易对象

本交易机制所指的交易对象即水相关的资源配置权。由于前文已对工程边界范围内的配置权进行了扩充，交易对象也得到扩展。交易易对象管理内容，如表7-1所示。

表7-1　交易对象管理内容

水交易对象	内容	适用区位
用水权	各区域分配的用水数量和时间等	原规划供水区及新增供水区
污染权利交易	防止地表径流和地下水渗透对水源区及干渠边界以外的区域带来的潜在污染	水源区封闭园区内的经营主体,定义为清洁空间
碳排放权	一项附加内容,它适用于工程沿线的所有经营主体,将以总量方式进行控制	工程沿线边界以内,定义为低碳走廊
景观开发权	适用干渠景观,或通过合同联结被明确定义的近邻区域景观,其开发权实现总量控制下的市场贸易模式	干渠及合同关联区
干渠空间开发权	干渠边界以内的三维空间的进入权、使用权和产权,它将在规划前提下适度开放,因而产生了市场	干渠封闭边界以内或者近邻区域的土地空间
产业进入经营权	对特定产业市场结构控制措施,防止过度进入导致短期化倾向。总量控制后通过市场途径进入	整个南阳市的水源区、干渠沿线和工程
主题开发与经营权	主题开发一律采用竞标方式进入开发。它包括两方面:一是主题之间竞争。二是同一主题通过竞争方式获得经营权	整个河南省工程沿线各区域与工程相关的主题
品牌使用权	工程品牌共享将采用担保、抵押和有偿使用方式,工程将通过品牌市场对使用者进行合同管制和干预	整个工程关联区
广告经营权	对各类酒店分众广告和干渠景观带广告等,采用竞标进入方式	工程各单位及干渠沿线地带

(二) 交易机制

(1) 稀缺性与总量定义。为了保证交易市场存在,任何资源都必须首先具有某种稀缺性。否则,它就是免费的公共资源而不会产生价格。只有定义清楚了资源的稀缺性,并完整地定义清楚了资源的产权属性,才能通过市场交易过程显示其价格。本交易对象(水及附加水产品)的稀缺性是由工程本身资源及空间的有限性决定的,所有干渠空间和近邻空间的总量约束保证了其稀缺性存在。

(2) 产权创造。在总量得到有效控制、产权得到界定并获得政府授权后,工程水及水附加产品的总量配置权可统一属于工程管理部门。作为资源权利和配置主体,工程管理部门在经过产权设计和保护后,总量产权将成为工程管理部门的产权资源。

(3) 资源一级市场。为了保证将资源的产权配置到各类私人微观主体,从而激励微观市场的配置效率并产生合同关系管理,自然资源交易平台或获得授权的工程管理部门将通过特许、市场拍卖和竞标过程创造水资源一级市场,将进入权和经营权配置给潜在的进入主体,从而完成工程公共产权向私人产权的转换过程。

(4) 资源二级市场。为了保证水产权的流动性和管理的有效性,工程管理局可探索通过创造水资源产权的二级市场,使那些拥有私人水产权的企业能够根据政府相关许可在水产权二级市场上进行交易,从而通过该市场将资源配置给那些最有效率的经营主体,使工程水资源的所有潜在效益得到释放。

(5) 交易机制。工程一级交易是总量贸易模式,即水行政主管部门管控下的区域对区域之间的总量交易,产业与产业之间、用途与用途之间的贸易。工程二级市场即普通水资源配置市场,它是各微观主体之间的贸易。为了保证交易的正常运行,工程可探索建立水权交易所,并监控和调节所有交易过程。

(三) 交易主体的类型甄别

工程管理局将对潜在进入主体实行歧视制度,通过对经营主体特征的识别过程,从而使进入者与工程目标之间建立积极的联结关系。换句话说,工程将对进入者的资格实行严格的背景审计。工程进入者背景审计,如表 7-2 所示。

表 7-2　工程进入者背景审计

项目	审计内容	审计目的
信誉审计	潜在进入主体的历史声誉、信誉,包括在公共部门中遵从度、客户声誉和社会评价等	审计进入主体是否遵守公共管制,是否注重自我品牌和声誉培养等,来推断其未来的可能行为或现有类型
经营方向审计	潜在经营主体经营业务类型是否属于限制或禁止类型、是否符合标准、是否清洁低碳等	判断其经营方向与工程的目标是否相容
资产审计	进入主体的会计账户,包括资产和现金流等方面的内容	时间贴现率方面是否追求长远目标,是否能够承担相应的责任
制度审计	管理制度是否规范、执行是否严格、是否从事公益活动、是否有良好的组织	判断组织或企业理性人格

交易主体甄别是用来解决逆向选择问题,它通过历史、现有资产等信息对进入主体的类型进行推断,以判断其与工程目标的相容程度。经过甄别后,将那些危险性进入主体排除在市场之外,从而使工程风险下降。

交易主体类型甄别是对其可能类型进行推断,但这种推断会犯两种错误:①推断错误,即将潜在的安全主体推断为风险主体,或者将风险主体推断为安全主体。②置信错误,即本来属于安全类型的进入主体可能出现道德风险问题,从而出现行为与类型推断的不一致。为了阻止行为错误,必须采取特殊的管理措施,从而使工程风险最小化。

建立工程水交易平台和交易机制并不是就完全放手让市场进行配置,市场配置是在政府对水资源的科学配置基础上的准市场行为,不是自由交易。工程管理局将参与整个市场交易过程,全程、全部、全覆盖地对市场行为进行监控。

政府可以通过采购合同实现对水交易的监管。其采购对象包括河南省境内工程关联利益区，主要包括水源区和主干渠沿线的近邻经济和社会主体。对不相关的主体可以产生排他性，其目标是维护工程对区域的激励功能。

采购内容主要是水源区和干渠沿线的林业产品、野生生物资源产品、园林种植产品、农业种植产品、蔬菜、游牧畜牧产品、各类水产养殖产品或合同订购的产品。

在采购方式方面，工程将通过合同订单制度，对近邻的经营主体进行优先采购和保护价格制度。对于工程经营的主题公司，可以采取统一的采购保护制度。

第八章 结 论

2014年12月12日14时32分,工程在南阳地区陶岔渠首正式开闸放水。历经半月奔流、跋涉上千公里后,12月27日10时,清澈甘甜的丹江水流入在北京的新"家"——团城湖调节池。工程像一条美丽的缎带把南阳地区与沿线区域及首都北京联结起来,为南阳地区社会经济生态的全面发展掀开了崭新的一页。

按照国务院提出的南水北调总体规划,南水北调工程分为东线、中线和西线三条线路,将形成"四横三纵"的国家骨干水网。也就是在现有的长江、黄河、淮河和海河四条由西向东横向流域的基础上,形成东线、中线、西线由南向北三纵河流。"四横三纵"的国家骨干水网一旦形成,对优化我国水资源配置,促进经济社会全面、协调、可持续发展,对于中华民族的伟大复兴,都有重大的积极意义。

南水北调东、中线一期工程全面通水以来,通过实施科学调度,实现了年调水量从20多亿立方米持续攀升至近100亿立方米。南水北调水已由规划的辅助水源成为受水区的主力水源,北京城区七成以上供水为南水北调水;天津市主城区供水几乎全部为南水。南水北调水水质优良、供水保障率高,受水区群众直接受益。北京市自来水硬度由过去的380毫克每升降至120毫克每升;河南省10多座省辖市用上南水北调水,其中郑州中心城区90%以上的居民生活用水为南水北调水,基本告别了饮用黄河水的历史;河北省黑龙港流域500多万人告别了饮用高氟水、苦咸水的历史。

工程是节约水资源、保障受水区居民生活用水、应急抗旱排涝、修复和改善生态环境、促进经济发展方式转变的重大示范工程,取得了显著效益:一是改变了广大北方地区、黄淮河平原的供水格局,水资源配置得到优化。二是改善供水水质,人民群众获得感、幸福感显著增强。三是修复生态环境,促进沿线生态文明建设。四是优化产业结构,推动受水区高质量发展。五是拉动内需,扩大就业,保障经济社会协调发展。工程是创新、协调、绿色、开放、共享发展理念的积极践行者,为京津冀协同发展、雄安新区、中原崛起、长江经济带等国家重大战略实施发挥了重大战略支撑作用。

南阳在工程的建设和管理中,是一个任务非常艰巨、责任非常重大的特殊区域,具有举足轻重的地位。以南阳地区为例分析工程对区域的联结具有非常典型的样本意义。工程为南阳地区的发展带来了新的机遇。工程是南阳经济社会发展的动力工程,对南阳地区社会、经济和文化的影响是深远的。南水北调工程不仅能够解决水资源"有没有"的问题,也有助于解决发展"好不好"的问题,工程的建成运行,形成了纵贯南北的新版大运河,建立了生产生活基本要素和重要生态产品交换的渠道和桥梁,形成了生态与经济发展良性循环,实现了国家水资源的空间结构与城市化布局、农业发展格局、工业发展格局相匹配,为南阳地区高质量发展提供了强劲动能。

同时,工程贯穿了绿色发展的理念。多年来,在党的坚强领导下,南阳市和库区周边各县,为守护一渠清水,立足于守住山头、管好斧头、护好源头,把建生态与抓发展、保水质和奔小康紧密结合起来,经历了从"宁要绿水青山,不要金山银山"到"既要绿水青山,也要金山银山"再到"绿水青山就是金山银山"的认识与实践的不断提升。水源区生态保护打通了"绿水青山"向"金山银山"转化的"路"和"桥",走出了一条具有水源区特色的生态优先、绿色发展之路。

工程在南阳区域的联结回应了共享发展的时代课题。国家投入大量人力物力财力实施南水北调工程建设,不仅让北方人民饮用到清冽甘甜的丹江水,实现优质水资源的共享;同时充分考虑到南阳地区人民的付出,通过制定优惠的移民政策并实施大力度帮扶措施,让移民群众搬出库区,建设美丽、幸福的新家园;还通过财政转移支付支持南阳地区发展。

2021年5月14日上午,习近平总书记在河南省南阳市主持召开了推进南水北调后续工程高质量发展座谈会并发表重要讲话,对扎实推进南水北调后续工程高质量发展提出了新的要求。习近平总书记的这些要求为南水北调工程对区域的联结发展提供了新的契机。

根据习近平总书记有关南水北调工程后续高质量发展的精神,南阳地区和工程联结的深度将进一步加强。据悉,南阳地区除了继续加强工程生态保护、移民安置、经济高质量发展,还在加强南阳市南水北调移民展览馆、方城县襄汉槽渠——南水北调古运河文化工程、南水北调精神陈列馆等文化工程建设。河南省也积极支持南阳建成河南省域副中心城市,在能源、交通、教育和健康文卫等方面给予政策、项目和资金等大力支持。

南阳地区已经成为工程人工流域生态系统的重要组成部分,南阳地区各项规划发展已经与工程深度联结,亟待系统治理、全面规划,以实现南阳地区"五位一体"发展与工程综合效益的最大化。南阳地区与工程的联结机制必将成为工程在河南区域合作机制的示范样板。样板取得的理论成果和实践经验将辐射工程沿线河南区域。样板的示范作用对促进工程与沿线河南各区域自然、社会经济的深度融合,实现工程沿线河南各区域经济社会高质量发展,具有一定的现实意义和深远的历史意义。

一是有力促进了沿线区域产业结构优化调整。首先,水质保护倒逼沿线区域产业结构调整。为确保水质安全,干渠两侧水源保护区内的污染企业被关停,有可能导致水体污染的工业企业也按计划逐步改造、外迁,促进了产业优化布局和转型升级。近年来,在关停并转污染企业和养殖项目的同时,水源地和干渠沿线区域加快调整种养结构,积极推广生态循环农业,逐步限制、淘汰高污染工业项目,大力发展绿色、循环、低碳工业,河南平顶山、许昌等地区初步形成了生态产业体系,确保发展增量不增污。其次,工程供水为产业转型升级提供了机遇。尤其河南作为农业大省,工程有效缓解了城市用水挤占农业用水的矛盾,改善了受水区农业生产条件,增强了农业抵御干旱灾害的能力,促进了农业提质增效增收和生态农业健康快速发展,为加快农业供给侧结构性改革和河南农业农村现代化进程创造了有利条件。

二是推动了沿线区域新型城镇化发展。首先,提高了城市吸纳人口的能力。工程带来大量优质水源,大大提高了受水区水资源承载能力,促进了沿线城市经济发展,不断吸引农村人口向附近受水城镇转移,将形成或壮大以工程为纽带的一批城镇和工业园区。其次,形成了城市新的发展动力。随着干渠生态带建设和水库、河湖水质改善,干渠沿线、水库和河湖周边楼面地价迅速提升,过去以主要街道为轴线的地价分配模式逐渐转变为以人居环境为核心的地价模式。比如河南省许昌市通过工程水源贯通区域河湖,彻底解决了许昌地区常年干旱缺水的问题,形成了以 108 千米环城河道、5 个城市湖泊、4 片滨水林海为主体的"五湖四海畔三川、两环一水润莲城"的水系新格局,使许昌地区成为生态优美的宜居城市,导致许昌相关区域房地产投资和开发加速,环境质量、商住条件、社会公共服务能力以及相关基础设施不断完善,土地增值潜力和空间巨大。

三是拓宽了沿线区域的沟通联结渠道。工程已经形成了一条人工流域,该人工流域上中下游之间在自然、社会、经济方面具有内在的联系。尤其近年来,国家对水源地南阳地区坚持对口协作支援,实施《丹江口库区及上游地区经济社会发展规划》,这种对口协作极大促进了工程沿线区域间的合作。同时,工程总干渠形成了一条水上旅游通道,把散布沿线的旅游资源连接起来,使沿线区域形成一条南北旅游中轴线。从南阳水源区到北京受水区,工程沿线许多区域已经形成了富有特色的工程旅游区。比如河南省焦作市将工程与城市建设融为一体,将工程打造为"水景融合、景城融合"的新地标。河南平顶山白龟山水库景区、河北白洋淀景区等都得益于工程的供水。

综上,工程不仅已经成为沿线 24 座大中城市 200 多个县市区的"生命线",也正在成为沿线区域推进生态环境治理、推动产业结构优化调整、贯彻绿色发展理念、促进区域协同发展的一个动力源,深刻影响工程河南区域乃至沿线华北 5 省区的生态系统维护和经济、社会的高质量发展。

参 考 文 献

一、中文文献

[1] 俞澄生.浅谈跨流域调水和社会发展的关系[J].人民长江,1993(06).

[2] 郭元裕,邵东国,沈佩君.关于跨流域调水一些基本问题的探讨[J].水利电力科技,1995(02).

[3] 王宏江.跨流域调水系统水资源综合管理研究[D].河海大学,2003.

[4] 许晓彤.跨流域调水规划技术支撑体系研究[D].中国水利水电科学研究院,2006.

[5] 吴新.跨流域调水理论和随机配水模型研究[D].西安理工大学,2006.

[6] 常玉苗.跨流域调水对区域生态经济影响综合评价研究[D].河海大学,2007.

[7] 吴涛,李姗姗,熊娜.跨区域调水的制度创新分析——兼论工程受水区制度创新[J].生态经济,2009(03).

[8] 沈珍瑶,杨志峰.黄河流域水资源可再生性评价指标体系与评价方法[J].自然资源学报,2002(02).

[9] 袁运祥,高福晖.大型水电工程对环境与生态影响的综合评价方法[J].环境科学学报,1989(02).

[10] 郭宗楼.水利水电工程环境影响综合评价的人工神经网络专家系统[J].环境科学研究,1998(05).

[11] 徐福留.大型水利工程环境影响评价指标体系及模糊综合评价——以巢湖"两河两站"工程为例[J].水土保持通报,2001(04).

[12] 汪达.国外跨流域调水工程及其利弊述评[J].广西水利水电,1990(01).

[13] 汪明娜.跨流域调水对生态环境的影响及对策[J].环境保护,2002(03).

[14] 汪明娜,汪达.调水工程对环境利弊影响综合分析[J].水资源保护,2002(04).

[15] 陈云峰.区域生态系统服务功能的货币化——以工程中湖北省襄樊市为例[J].重庆环境科学,2003(12).

[16] 戚杰.区域环境-经济系统的动态仿真——以南水北调后的湖北省襄樊市为例[J].系统工程理论与实践,2004(03).

[17] 祁继英,阮晓红.大坝对河流生态系统的环境影响分析[J].河海大学学报(自然科学版),2005(01).

[18] 方妍.国外跨流域调水工程及其生态环境影响[J].人民长江,2005(10).

[19] 刘进琪.大通河跨流域调水对生态环境的影响[J].甘肃科学学报,2006(01).

[20] 张中旺.工程与区域经济可持续发展[J].安徽农业科学,2007(29).

[21] 王瑞娜,唐德善.黑河治水项目社会影响的多层次模糊综合评价[J].人民长江,2006(07).

[22] 栾维新,杜怀英.调整产业结构实现大连市水资源可持续利用[J].地域研究与开发,1997(04).

[23] 卢双宝.工程建设对河北经济的拉动作用[J].南水北调与水利科技,2002(02).

[24] 于富春,刘圣桥,周建仁.南水北调东线工程与山东社会经济的可持续发展[J].东岳论丛,2005(26).

[25] 吴涛,李姗姗.南水北调对河南省产业结构影响分析[J].经济经纬,2009(02).

[26] 陈伟华.基于可持续发展观的工程项目全过程社会评价研究[D].河

北工业大学,2006.

[27] 丁相毅.工程调水对郑州市国内生产总值贡献作用量化研究[D].郑州大学,2007.

[28] 曹小磊.跨流域调水工程管理模式及水资源配置决策[D].大连理工大学,2010.

[29] 左大康,刘昌明,许越先.南水北调对自然环境影响的研究进展[J].世界科学,1987(05).

[30] 金义兴,沈泽昊,江明喜.工程对陆生植物的影响及其对策初步研究[J].长江流域资源与环境,1995(02).

[31] 许新宜.体制机制是工程总体规划的保障基础[J].水利规划与设计,2002(04).

[32] 张莉.南水北调东线水资源供应链定价研究[D].河海大学,2006.

[33] 梁武湖.南水北调西线工程的水力发电权转让及损益补偿理论与方法研究[D].四川大学,2006.

[34] 高德刚.工程运行管理研究[D].山东农业大学,2007.

[35] 贺志丽.南水北调西线工程生态补偿机制研究[D].西南交通大学,2008.

[36] 汪达.论国外跨流域调水工程对生态环境的影响与发展方向[J].江西水利科技,1990(03).

[37] 贺志丽.南水北调西线工程生态补偿机制研究[D].西南交通大学,2008.

[38] 张建平.南水北调西线工程对解决受水区生态环境问题的意义[J].中国人口资源与环境,1997(02).

[39] 李仁东,李劲峰,黄进良.南水北调对湖北丹江口水库区土地资源的影响[J].长江流域资源与环境,1998(02).

[40] 李仁东.南水北调对湖北丹江口水库区土地资源的影响[J].长江流域资源与环境,1998(02).

[41] 王西琴,刘昌明,杨志峰.西线调水工程对水量调出区的环境影响分

析[J].地理科学进展,2001(02).

[42] 张中旺.工程与汉江中游襄樊市可持续发展研究[J].襄樊学院学报,
2009(02).

[43] 杨云彦,石智雷.南水北调与区域利益分配——基于水资源社会经济
协调度的分析[J].中国地质大学学报(社会科学版),2009(02).

[44] 张倩,李国强,刘存忠.中线南水北调对河北经济社会影响的 SD 分析
[J].人民黄河,2009(01).

[45] 于福春,刘圣桥,周建仁.南水北调东线工程与山东社会经济的可持
续发展[J].东岳论丛,2005(02).

[46] 高翔,王爱民.引大调水工程的环境影响评价[J].干旱区资源与环境,
1999(02).

[47] 何锋.三峡引水工程秦巴段深埋长隧洞开挖地质灾害研究[D].中国
地质科学院,2005.

[48] 孙凡.引大济湟工程的效益转换分析及动态补偿机制研究[D].西安
理工大学,2007.

[49] 张建全.论工程对源头丹江口县域经济结构的影响[J].南水北调与水
利科技,2005(4).

[50] 胡庆和,施国庆,邱林.工程与中部地区可持续发展[J].水利科技与经
济,2006(12).

[51] 杨云彦.工程与中部地区经济社会协调发展[J].中南财经政法大学学
报,2007(3).

[52] 杨云彦,关爱萍.工程与中部地区产业的经济联系[J].求是学刊,2007
(1).

[53] 陈全国.全力服务好建设好工程[N].河南日报,2006-09-29(02).

[54] 张力威,范治晖,朱东恺.工程丹江口库区生态移民战略思考[J].环境
经济杂志,2005(1).

[55] 陈丽媛,李新民,何百根.工程丹江口库区移民迁建问题研究[J].南水
北调与水利科技,2003(4).

[56] 李瑞,李永文.工程与南阳旅游业发展前瞻[J].地域研究与开发,2004 (4).

[57] 郭新明.建立南水北调中线经济带的构想-兼论丹江口市经济发展战略走向[J].中国水利,2007(4).

[58] 关爱萍.跨区水资源配置与区域利益关系分析——以工程为例[J].水利经济,2011(1).

[59] 李雪松,李婷婷.工程水源地市场化生态补偿机制研究[J].长江流域资源与环境,2014(11).

[60] 徐聪."国家工程"的南阳表达[J].新闻战线,2015(8).

[61] 徐士忠,刘学刚.跨流域调水工程联合科学调度实践与探索[J].海河水利,2016(3).

[62] 刘增进,祁秉宇,张关超.工程水源地河南段水质现状及污染分析[J].华北水利水电大学学报,2017(4).

[63] 张雁,李占斌,刘建林,李鹏.工程商洛水源地可持续发展评价[J].西安理工大学学报,2017(6).

[64] 郭晖,陈向东,刘刚.工程水权交易实践探析[J].南水北调与水利科技,2018(3).

[65] 赵健仓,孙刚.南水北调中线一期工程总干渠河南段(沙河南—漳河南)工程地质勘察[J].水利水电工程勘测设计新技术应用,2018 (11).

[66] 高鸣远,刘俊杰.工程江苏省受水区水环境保护与思考[J].治淮,2018 (12).

[67] 孙涛,金鑫.南水北调东线一期工程运行管理机制探讨[J].居舍,2018 (12).

[68] 杨云彦.南水北调工程与中部地区经济社会可持续发展研究,经济科学出版社,2011.2

[69] 吴海峰.工程对农业发展的影响及对策——河南省南阳市个案调查分析[J].黄河科技大学学报,2010,21(04).

[70] 陈军飞,汪倩,袁飞.软环境视角下的南水北调工程运营管理研究综述与展望[J].水利发展研究,2021,21(12):39-47.

[71] 河南省水利厅党组专题研究推进南水北调后续工程高质量发展工作[J].河南水利与南水北调,2021,50(09):2.

[72] 陈华君,褚钰,付景保.南水北调中线水源区生态产业与环境耦合发展情景分析[J/OL].水资源保护:1-12[2022-04-14].

[73] 轩玮,王振航.新时期南水北调工程战略功能及发展研究——绘就南水北调高质量发展的生态底色[J].中国水利,2021(16):10-11.

[74] 李国英.推进南水北调后续工程高质量发展[N].人民日报,2021-07-29(013).

[75] 杜泓怡,秦明青,崔真真,雷梦瑶.工程水源区农村经济和环境的协调发展[J].南方农业,2021,15(20):128-129.

[76] 朱九龙,张敏.工程水源区农旅产业耦合发展的影响因素与对策[J].商业经济,2021(06):32-34.

[77] 黄朝凌,张子尧.工程核心水源区绿色发展绩效评价体系研究[J].汉江师范学院学报,2021,41(03):10-15.

[78] 许继军.新时期南水北调工程战略功能定位与发展思路研究[J].中国水利,2021(11):12-14.

[79] 毕剑,Suprav Acharya,涂小凡.后"南水北调"时期淅川旅游发展研究[J].许昌学院学报,2021,40(03):103-108.

[80] 宋芊慧,余淑秀,李懿程,邹玲丽.基于因子分析法的水源区制造业经济发展评价及对策研究——工程水源区调查[J].科技风,2020(05):123-125.

[81] 余淑秀,詹潇,万欣,王树晨.基于生态保护的新能源汽车产业培育现状及发展对策——以工程水源区十堰市为例[J].科技风,2020(05):16-17.

[82] 吴海峰.共享发展理念下充分发挥工程效益研究[J].经济研究参考,2019(17):75-85.

[83] 张万峰.工程水源地区域经济转型发展研究[J].经济研究导刊,2018 (11):34-35.

二、外文文献

[1] Laihong J, Tingli C. Analysis of Trans-basin Diversion Project Impact on the Yellow River Water Resource Distribution Pattern [C]. 2007.

[2] Laihong F, Quan C. Analysis on Contribution and Function of Phase I Works in the West Line of South-to-North Water Transfer Project to National Economy Development[C]. 2007.

[3] Qiang F. A New Model to Evaluating the Investment Decision-Making of Water Saving Irrigation Project[C]. 2007.

[4] Yu W, Libin Y, Hongu C. Preliminary Study on Water Allocation in South-to-North Water Diversion Project[C]. 2007.

[5] Hong G, Yangwen J, Jinjun Y. Water Allocation and its Impact on Recipient Areas of East Route of the South-to-North Water Transfer Project[C]. 2007.

[6] Huiyan Z, Fusheng L, Liyan Z. Study on Necessity of the West Route of the South-to-North Water Transfer Project from the View of Ningmeng Section[C]. 2007.

[7] Libin Y, Shaoming P, Li W. Ecological Effect Evaluation of Water Supply to Heishan Gorge Ecological Improvement Area of Ningxia by West Route South-to-North Water Transfer Project[C]. 2007.

[8] Yunzhong J, Haichao W, Jinjun Y, et al. Sustainable Integrated Water Management DSS for East Route and Middle Route of South-to-North Water Diversion Project[C]. 2007.

[9] Yingwu T, Haitao C. Major Characteristics of West Line of South-to-North Water Diversion Project[C]. 2007.

[10] Pretner A, Moschini N, Sainz L, et al. Introduction to the International Water Transfer Projects and Comparison with the East Route of Chinese South to North Water Transfer Project [C]. 2007.

[11] Zengwei Z, Qingde F, Fenzhi W. Application of Information Technology in Water Project Administration[C]. 2007.

[12] Ni Jinren, Zhang Feifei, Yin Le. Risk Analysis of the Source-Sink Transformation for Nansihu Lake in East Route of South-to-North Water Transfer Project[C]. 2008.

[13] Jun D, Changming J. Information Dependency Relations and Coordination in Water Resources Supply Chains of Interbasin Water Transfer Project[C]. 2008.

[14] Dueck A, Borgesson L, Goudarzi R, et al. Humidity-induced water absorption and swelling of highly compacted bentonite in the project KBS-3H[C]. 2008.

[15] Hongtao Y, Zening W. Process Quality Management of Inter-Basin Water Transfer Project[C]. 2008.

[16] Zhang X, Rygwelski K R, Rossmann R, et al. Model construct and calibration of an integrated water quality model (LM2-Toxic) for the Lake Michigan Mass Balance Project [J]. ECOLOGICAL MODELLING. 2008, 219: 92-106.

[17] Wu S, Xie J, Ma B. Research on Support Technologies of the Management Informationisation for Water Conservancy Project Construction[C]. 2008.

[18] Flanigan K G, Haas A I. The Impact of Full Beneficial Use of San Juan-Chama Project Water by the City of Albuquerque on New Mexico's Rio Grande Compact Obligations[J]. Natural Resources Journal, 2008, 48: 371-405.

[19] Dong L, Zilong W, Qiang F. Risk Evaluation of Town Water Supply BOT Project in China Based on Analytic Hierarchy Process [C]. 2008.

[20] Jie Z, Jigan W, Huimin W. The Interactive, Multi-objective and Flexible Decision-making Model for Investment of Water Project [C]. 2008.

[21] Rui L, Xiaoya W. Analysis of Questionnaire on Time and Cost of the China's South-to-North Water Diversion Project[C]. 2008.

[22] Khatri M R, Suryanarayana T M V. Estimation of water requirement of cotton and tur grown in the command area of Waghodia Branch of Deo irrigation Project, Gujarat[C]. 2008.

[23] Flanigan K G, Haas A I. The Impact of Full Beneficial Use of San Juan-Chama Project Water by the City of Albuquerque on New Mexico's Rio Grande Compact Obligations[J]. Natureal Resources Journal, 2008, 48: 371-405.

[24] Yu W, Libin Y, Hongu C. Preliminary Study on Water Allocation in South-to-North Water Diversion Project[C]. 2007.

[25] Giznnikos I, Lees P, Eldarzi E. An Integer Goal Progran-maing Model to Allocate Offices to Staff in an Academic Institutio[J]. Journal of the Operational Research Society, 1995 (46), 6: 713-720.

[26] Benjamin C, Ehie I, Omurtag Y. Planning Facilities at the University of Missouri-Rolla[J]. Journal of Interfaces, 1992(22), 4: 95-105.

[27] Burke E K, Varley D B. Space Allocation: An Analysis of Higher Education Requirements[J]. Lecture Notes in Computer Science, 1998, 1408: 20-33.

[28] Selod H, Zenou Y. Location and Education in South African Cities

under and after Apartheid[J]. Journal of Urban Economics，2001，
49：168-198.

[29] Psacharopoulos G，Ying C. Earnings and Education in Latin
America[J]. Education Economics，1994，2(2)，187-207.

[30] Winkler D R. Higher Education in Latin America：Issues of
Efficiency and Equity[J]. World Bank Working Paper，1990，77.

[31] FrederiksenH D. Water Crisis in Developing World：Miseoneeptions
about Solutions[J]，J. WaterResour. plng. angMat.，ASCE，1996，122
(2)：79-87.

[32] Wei Long. Welfare Effects Analysis of Water Transfer Project：The
Selected Cases of Danjiangkou [D]. Wuhan University of
Technology，2008.

后　　记

本书利用现代科学管理与传统人文相结合的理念,从更新、更高的视角认识到南阳地区的自然和人文地理价值,部分解读了南阳历史积淀的形成因素,发现了部分区域的潜在开发价值。

工程与区域联结是一个复杂的问题,由于受认识与能力的局限,本研究也存在一些不足,主要表现在两个方面:一是对工程价值认识不足。对其拥有或占有全部资产和整体获利能力的认识是一个不断深化的过程,仍需要进行市场价值综合评估。二是工程如何通过资本及其派生治理结构,对区域联结进行一体化管理仍需要进一步深入研究。

本书在撰写过程中参考了大量著作、论文等中外研究成果,感谢这些研究成果的作者们。另外,本书也得到国家社科基金重点项目"南水北调工程生态系统保护法律制度创新"(项目编号:18AFX022)的支持和帮助。在此对长期关心、培养、支持我的各位领导和有关专家、教授、老师、同事和朋友们致以崇高的敬意。感谢立信会计出版社为本书出版所做的大量工作。

尽管本人深入研究,但由于现有的学术积淀有限,难免出现疏漏,真诚希望有关专家、学者以及广大读者批评指正。

王树山

2022 年 8 月